Die in den Sitzungsberichten **Abt. I** und **Abt. II** der **math.-nat. Klasse der Österr. Akad. d. Wiss.** erscheinenden Abhandlungen werden auch einzeln abgegeben. Sie können durch jede Buchhandlung oder direkt durch die Auslieferungsstelle der Österreichischen Akademie der Wissenschaften (Wien I, Singerstraße 12) bezogen werden.

Nachfolgende Abhandlungen aus den Fächern **Mathematik** und **Technik** sind erschienen:

1950 (1950) (S II a, Bd. 159):

Hohenberg F.: Zur Geometrie des Funkmeßbildes (mit 2 Abbildungen). 14 Seiten. S 12.40

Jarosch W.: Matrizenbänder. 14 Seiten. S 5.20

Schmid H.: Fehlertheorie der gegenseitigen Orientierung von Luftbildern und Zugrundelegung eines Orientierungspunktgitters (mit 13 Abbildungen). 31 Seiten. S 28.40

1951 (S II a, Bd. 160):

Hohenberg F.: Komplexe Erweiterung der gewöhnlichen Schraubenlinie (mit 1 Abbildung). 14 Seiten. S 7.80

Huber A.: Das Verhalten der Integrale der Gibbs-Duhem-Margules'schen Gleichung für binäre Gemische in der Umgebung ihrer festen singulären Stellen (mit 3 Abbildungen). 16 Seiten. S 10.50

Krames J.: Zur Geometrie der gegenseitigen Einpassung von Luftaufnahmen (mit 4 Abbildungen). 15 Seiten. S 7.—

Parkus H.: Wärmespannungen in Rotationsschalen mit drehsymmetrischer Temperaturverteilung (mit 1 Abbildung). 13 Seiten. S 7.50

Ströher W.: Zur projektiven Differentialgeometrie ebener Kurven. 8 Seiten. S 6.—

Wunderlich W.: Zur Differenzengeometrie der Flächen konstanter negativer Krümmung (mit 8 Abbildungen). 38 Seiten. S 16.—

1952 (S II a, Bd. 161):

Federhofer K.: Über die Eigenschwingungen der Kreiszylinderschale mit veränderlicher Wandstärke 16 Seiten. S 14.80

1953 (S II a, Bd. 162):

Nöbauer W.: Über Gruppen von Restklassen nach Restpolynomidealen. S 19.40

Vietoris L.: Der Richtungsfehler einer durch das Adamssche Interpolationsverfahren gewonnenen Näherungslösung einer Gleichung $y' = f(x, y)$. S 8.80

Vietoris L.: Der Richtungsfehler einer durch das Adamssche Interpolationsverfahren gewonnenen Näherungslösung eines Systems von Gleichungen $y' = f_k(x, y_1, y_2 \ldots y_m)$. S 8.80

Wunderlich W.: Über die ebenen Loxodromen (mit 2 Abbildungen). S 6.30

1954 (S II, Bd. 163):

Federhofer K.: Die durch pulsierende Axialkräfte gedrückte Kreiszylinderschale. S 13.40

Raher W. und Selig F.: Die Verwendung der Motorsymbolik in der theoretischen Mechanik. S 17.80

1955 (S IIa, Bd. 164):

Federhofer K.: Zur Kinematik des Schleifkurvengetriebes (mit 5 Abbildungen). S 11.—

Ströher W.: Über einen gewissen Typus von Differentialinvarianten der projektiven und der apollonischen Gruppe der Ebene. S 28.40

Wunderlich W.: Doppelloxodromen mit schneidendem Achsenpaar (mit 6 Abbildungen). S 22.50

ISBN 978-3-662-24013-7 ISBN 978-3-662-26125-5 (eBook)
DOI 10.1007/978-3-662-26125-5

Die Operation des Einsetzens bei rationalen Funktionen

Von

W. Nöbauer (Wien)

(Vorgelegt in der Sitzung am 26. Jänner 1961)

1. Einleitung

In seinen Arbeiten [1], [2] hat K. Menger den Begriff der „tri-operational algebra" (kurz T-O-Algebra) formuliert, und zwar versteht er darunter eine algebraische Struktur mit drei binären Operationen, welche einer Reihe von Axiomen genügen. Menger und seine Schüler haben in diesen und anderen Arbeiten verschiedene Untersuchungen über solche Strukturen durchgeführt. Eines der einfachsten Beispiele einer T-O-Algebra bildet der Polynomring $\mathfrak{r}[x]$ in einer Unbestimmten über einen Ring $\mathfrak{r}$, wenn als dritte Operation das Einsetzen eines Polynoms in ein anderes genommen wird; die so erhaltene Struktur wurde von mir in den Arbeiten [3], [4] genauer untersucht.

In der vorliegenden Arbeit sollen nun T-O-Algebren betrachtet werden, deren Elemente rationale Funktionen in einer Unbestimmten über einen Integritätsbereich $\mathfrak{r}$ (also Elemente des Quotientenkörpers von $\mathfrak{r}[x]$) sind, wobei als Operationen wieder Addition, Multiplikation und Einsetzen genommen werden. Das Studium solcher T-O-Algebren verursacht einige Mühe, vor allem deswegen, weil die Quotientendarstellung einer rationalen Funktion nicht eindeutig ist und weil nicht jede rationale Funktion in jede rationale Funktion eingesetzt werden kann. Aus dem letzteren Grund muß man sich beschränken auf gewisse Unterringe des Körpers aller rationalen Funktionen.

Die Arbeit besteht aus vier Teilen. Im ersten (2 bis 6) werden vorbereitende Untersuchungen über den Polynomring $\mathfrak{r}[x]$ durchgeführt. Im zweiten (7 bis 9) werden T-O-Algebren aus rationalen Funktionen untersucht und es wird die Homomorphismentheorie dieser Algebren entwickelt; über $\mathfrak{r}$ braucht hier nichts vorausgesetzt zu werden. Der dritte Teil (10 bis 14) beschäftigt sich mit Darstellungen der im zweiten Teil betrachteten Algebren durch eindeutige Abbildungen von Restklassenringen in sich und mit der Struktur dieser Darstellungen in bezug auf die dem Einsetzen entsprechende Operation, während im vierten Teil (15 bis 17) einige wichtige Unterstrukturen der Darstellungen bezüglich dieser Operation studiert werden. In diesen beiden Teilen müssen einschränkende Voraussetzungen über $\mathfrak{r}$ gemacht werden, und zwar müssen wir meist voraussetzen, daß $\mathfrak{r}$ noethersch ist und alle vom Nullideal verschiedenen Primideale teilerlos sind, manchmal auch noch, daß $\mathfrak{r}$ nur endlich viele Einheiten besitzt. Jedenfalls machen wir nur solche Voraussetzungen, welche für den Fall, daß $\mathfrak{r}$ der Integritätsbereich der ganzen rationalen Zahlen ist, erfüllt sind, in diesem Fall gelten also alle unsere Sätze. Für die verwendeten Bezeichnungen und Sätze aus der Theorie der algebraischen Strukturen verweisen wir auf [6], für die aus der Idealtheorie kommutativer Ringe auf [5] und [7].

2. Polynome mit invertierbaren Werten.

Wir betrachten den Polynomring $\mathfrak{r}[x]$ über den Integritätsbereich $\mathfrak{r}$. Es sei $\mathfrak{a}$ ein Ideal von $\mathfrak{r}$. Mit $\mathfrak{N}_\mathfrak{a}$ bezeichnen wir die Menge der Polynome $g(x) \in \mathfrak{r}[x]$, für welche gilt

$$g(r) \text{ ist invertierbar mod } \mathfrak{a} \text{ für jedes } r \in \mathfrak{r} \tag{2,1}$$

Es gilt:

1. Aus $f(x) \in \mathfrak{N}_\mathfrak{a}$ und $g(x) \in \mathfrak{N}_\mathfrak{a}$ folgt $f(x)\,g(x) \in \mathfrak{N}_\mathfrak{a}$
2. Aus $g(x) \in \mathfrak{N}_\mathfrak{a}$ und $u(x) \in \mathfrak{r}[x]$ folgt $g(u(x)) \in \mathfrak{N}_\mathfrak{a}$
3. Aus $\mathfrak{a} \subseteqq \mathfrak{b}$ folgt $\mathfrak{N}_\mathfrak{a} \subseteqq \mathfrak{N}_\mathfrak{b}$
4. $\mathfrak{N}_{\mathfrak{a} \cap \mathfrak{b}} \subseteqq \mathfrak{N}_\mathfrak{a} \cap \mathfrak{N}_\mathfrak{b}$.

Das folgt sofort aus 3.

5. Ist $(\mathfrak{a}, \mathfrak{b}) = \mathfrak{r}$, dann gilt $\mathfrak{N}_{\mathfrak{a} \cap \mathfrak{b}} = \mathfrak{N}_\mathfrak{a} \cap \mathfrak{N}_\mathfrak{b}$.

Bew.: Nach 4 haben wir $\mathfrak{N}_{\mathfrak{a} \cap \mathfrak{b}} \subseteqq \mathfrak{N}_\mathfrak{a} \cap \mathfrak{N}_\mathfrak{b}$

Sei umgekehrt $g(x) \in \mathfrak{N}_\mathfrak{a} \cap \mathfrak{N}_\mathfrak{b}$.

Es gibt dann zu jedem $r \in \mathfrak{r}$ Elemente u, v in $\mathfrak{r}$, so daß

$$u\,g(r) \equiv 1 \bmod \mathfrak{a} \qquad v\,g(r) \equiv 1 \bmod \mathfrak{b}.$$

Wir bestimmen z aus dem wegen $(\mathfrak{a}, \mathfrak{b}) = \mathfrak{r}$ lösbaren Kongruenzsystem

$$z \equiv u \mod \mathfrak{a}$$
$$z \equiv v \mod \mathfrak{b},$$

dann gilt

$$z\, g(r) \equiv u\, g(r) \equiv 1 \mod \mathfrak{a} \qquad z\, g(r) \equiv v\, g(r) \equiv 1 \mod \mathfrak{b}$$

also haben wir $z\, g(r) \equiv 1 \mod \mathfrak{a} \cap \mathfrak{b}$, das heißt $g(x) \in \mathfrak{N}_{\mathfrak{a} \cap \mathfrak{b}}$.

6. $\mathfrak{N}_{(0)}$ ist die Menge aller Polynome $g(x) \in \mathfrak{r}[x]$, für welche $g(r)$ stets eine Einheit von $\mathfrak{r}$ ist. Es gilt:

Hat $\mathfrak{r}$ unendlich viele Elemente, aber nur endlich viele Einheiten, dann besteht $\mathfrak{N}_{(0)}$ nur aus den Einheiten von $\mathfrak{r}$.

Bew.: Ist $g(x) \in \mathfrak{N}_{(0)}$, dann gilt $g(r) - \varepsilon = 0$ mit einer festen Einheit ε für unendlich viele $r \in \mathfrak{r}$, daher haben wir $g(x) = \varepsilon$.

7. Für jedes Ideal $\mathfrak{b}$ gilt

$$\mathfrak{N}_{\mathfrak{b}^e} = \mathfrak{N}_{\mathfrak{b}} \quad (e \geqq 1). \tag{2,2}$$

Bew.: Aus $\mathfrak{b}^e \subseteqq \mathfrak{b}$ folgt einerseits $\mathfrak{N}_{\mathfrak{b}^e} \subseteqq \mathfrak{N}_{\mathfrak{b}}$. Nun sei andererseits $g(x) \in \mathfrak{N}_{\mathfrak{b}}$, dann gibt es zu jedem $r \in \mathfrak{r}$ ein σ mit $\sigma\, g(r) \equiv 1 \mod \mathfrak{b}$. Es sei schon bewiesen, daß es $\tau \in \mathfrak{r}$ gibt mit $\tau\, g(r) \equiv 1 \mod \mathfrak{b}^{e-1}$. Dann gilt

$$(1 - \sigma\, g(r))\,(\tau\, g(r) - 1) \subseteqq \mathfrak{b}^e$$
$$(\tau + \sigma - \sigma\tau\, g(r))\, g(r) - 1 \subseteqq \mathfrak{b}^e$$
$$(\tau + \sigma - \sigma\tau\, g(r))\, g(r) \equiv 1 \mod \mathfrak{b}^e$$

also haben wir $g(x) \in \mathfrak{N}_{\mathfrak{b}^e}$, also $\mathfrak{N}_{\mathfrak{b}} \subseteqq \mathfrak{N}_{\mathfrak{b}^e}$

8. Ist $\mathfrak{r}$ noethersch und $\mathfrak{q}$ ein Primärideal mit zugehörigem Primideal $\mathfrak{p}$, dann gilt $\mathfrak{N}_{\mathfrak{q}} = \mathfrak{N}_{\mathfrak{p}}$.

Bew.: Wir haben $\mathfrak{p}^e \subseteqq \mathfrak{q} \subseteqq \mathfrak{p}$ bei geeignet gewähltem e, daraus folgt sofort $\mathfrak{N}_{\mathfrak{p}^e} \subseteqq \mathfrak{N}_{\mathfrak{q}} \subseteqq \mathfrak{N}_{\mathfrak{p}}$, also $\mathfrak{N}_{\mathfrak{q}} = \mathfrak{N}_{\mathfrak{p}}$.

3. Zulässige Ideale

Wir definieren: *Es sei $\mathfrak{a}$ ein Ideal in $\mathfrak{r}$. Ein Ideal $\mathfrak{u} \subseteqq \mathfrak{r}$ heißt $\mathfrak{a}$-zulässig, wenn gilt $\mathfrak{N}_{\mathfrak{u}} \supseteqq \mathfrak{N}_{\mathfrak{a}}$.*

Jedes Ideal $\mathfrak{u}$ mit $\mathfrak{u} \supseteqq \mathfrak{a}$ ist $\mathfrak{a}$-zulässig. Wir setzen nun voraus, daß $\mathfrak{r}$ noethersch und jedes vom Nullideal verschiedene Primideal von $\mathfrak{r}$ teilerlos ist (solche Ringe wollen wir im folgenden kurz als NT-Ringe bezeichnen; insbesondere gehören hierher die Dedekind-Ringe), und wollen unter diesen Voraussetzungen zu einem gegebenen Ideal $\mathfrak{a}$ alle $\mathfrak{a}$-zulässigen Ideale $\mathfrak{u}$ ermitteln.

Zu diesem Zweck betrachten wir zu jedem Ideal $\mathfrak{b} \subseteq \mathfrak{r}$ sein Radikal $k(\mathfrak{b})$. Es gilt:

$$k(\mathfrak{b}) = 0 \text{ für } \mathfrak{b} = (0)$$
$$k(\mathfrak{b}) = \mathfrak{r} \text{ für } \mathfrak{b} = \mathfrak{r}$$
$$k(\mathfrak{b}) = \mathfrak{p}_1 \mathfrak{p}_2 \ldots \mathfrak{p}_s \text{ für } \mathfrak{b} = \mathfrak{q}_1 \mathfrak{q}_2 \ldots \mathfrak{q}_s$$

wo $\mathfrak{b} = \mathfrak{q}_1 \mathfrak{q}_2 \ldots \mathfrak{q}_s$ die Darstellung von $\mathfrak{b}$ als Produkt von paarweise teilerfremden Primäridealen $\neq \mathfrak{r}$ ist und $\mathfrak{p}_i$ jeweils das zugehörige Primideal zu $\mathfrak{q}_i$.

Wir unterscheiden nun drei Fälle für $\mathfrak{a}$:

1. $\mathfrak{a} = (0)$. Hier gilt für jedes $\mathfrak{u}$ die Beziehung $\mathfrak{u} \supseteq \mathfrak{a}$, also $\mathfrak{N}_\mathfrak{u} \supseteq \mathfrak{N}_\mathfrak{a}$, also ist jedes Ideal $\mathfrak{u}$ ein $\mathfrak{a}$-zulässiges Ideal.

2. $\mathfrak{a} = \mathfrak{r}$. Ist $\mathfrak{u}$ ein $\mathfrak{a}$-zulässiges Ideal, dann haben wir: $\mathfrak{N}_\mathfrak{u} \supseteq \mathfrak{N}_\mathfrak{a} = \mathfrak{r}[x]$, also gilt $0 \in \mathfrak{N}_\mathfrak{u}$, also haben wir $0 \equiv 1 \bmod \mathfrak{u}$, also $\mathfrak{u} = \mathfrak{r}$. Es ist also $\mathfrak{r}$ das einzige $\mathfrak{a}$-zulässige Ideal.

3. $\mathfrak{a} = \mathfrak{q}_1 \mathfrak{q}_2 \ldots \mathfrak{q}_s$, wo die $\mathfrak{q}_i$ paarweise teilerfremde Primärideale $\neq \mathfrak{r}$ sind mit den zugehörigen Primidealen $\mathfrak{p}_i$. Ersichtlich ist $\mathfrak{r}$ stets $\mathfrak{a}$-zulässig. Sei nun $\mathfrak{u} = \mathfrak{r}_1 \mathfrak{r}_2 \ldots \mathfrak{r}_t$ ein $\mathfrak{a}$-zulässiges Ideal $\neq (0)$, $\neq \mathfrak{r}$, dargestellt als Produkt paarweise teilerfremder Primärideale $\neq \mathfrak{r}$ mit den zugehörigen Primidealen $\mathfrak{t}_i$. Wir haben dann

$$\mathfrak{N}_\mathfrak{u} \supseteq \mathfrak{N}_\mathfrak{a}$$
$$\mathfrak{N}_{\mathfrak{r}_1} \cap \mathfrak{N}_{\mathfrak{r}_2} \cap \ldots \cap \mathfrak{N}_{\mathfrak{r}_t} \supseteq \mathfrak{N}_{\mathfrak{q}_1} \cap \mathfrak{N}_{\mathfrak{q}_2} \cap \ldots \cap \mathfrak{N}_{\mathfrak{q}_s}$$

wegen 2, 5, daher wegen 2, 8

$$\mathfrak{N}_{\mathfrak{t}_1} \cap \mathfrak{N}_{\mathfrak{t}_2} \cap \ldots \cap \mathfrak{N}_{\mathfrak{t}_t} \supseteq \mathfrak{N}_{\mathfrak{p}_1} \cap \mathfrak{N}_{\mathfrak{p}_2} \cap \ldots \cap \mathfrak{N}_{\mathfrak{p}_s}$$

also $$\mathfrak{N}_{\mathfrak{p}_1 \mathfrak{p}_2 \ldots \mathfrak{p}_s} \subseteq \mathfrak{N}_{\mathfrak{t}_i} \text{ für } i = 1, 2 \ldots t \qquad (3, 1)$$

Angenommen nun, es wäre $\mathfrak{t}_i \neq \mathfrak{p}_j$ für $j = 1, 2 \ldots s$, dann hätten wir

$$(\mathfrak{t}_i, \mathfrak{p}_1 \mathfrak{p}_2 \ldots \mathfrak{p}_s) = \mathfrak{r}$$

wir könnten daher g bestimmen, so daß gilt

$$g \equiv 1 \bmod \mathfrak{p}_1 \mathfrak{p}_2 \ldots \mathfrak{p}_s$$
$$g \equiv 0 \bmod \mathfrak{t}_i$$

Wir hätten dann $g \in \mathfrak{N}_{\mathfrak{p}_1 \mathfrak{p}_2 \ldots \mathfrak{p}_s}$, aber $g \notin \mathfrak{N}_{\mathfrak{t}_i}$ im Widerspruch zu (3,1).

Daher gilt $\mathfrak{t}_t = \mathfrak{p}_j$, also haben wir

$$\mathfrak{t}_1 \mathfrak{t}_2 \ldots \mathfrak{t}_t = \mathfrak{p}_{i_1} \mathfrak{p}_{i_2} \ldots \mathfrak{p}_{i_t} \tag{3,2}$$

Ist aber umgekehrt (3,2) erfüllt, dann gilt

$$\mathfrak{N}_\mathfrak{u} = \mathfrak{N}_{\mathfrak{r}_1} \cap \mathfrak{N}_{\mathfrak{r}_2} \cap \ldots \cap \mathfrak{N}_{\mathfrak{r}_t} = \mathfrak{N}_{\mathfrak{t}_1 \mathfrak{t}_2 \ldots \mathfrak{t}_t} = \mathfrak{N}_{\mathfrak{p}_{i_1} \mathfrak{p}_{i_2} \ldots \mathfrak{p}_{i_t}} \supseteqq \mathfrak{N}_{\mathfrak{p}_1 \mathfrak{p}_2 \ldots \mathfrak{p}_s} = \mathfrak{N}_\mathfrak{a}.$$

Angenommen, es wäre $\mathfrak{u} = (0)$ auch $\mathfrak{a}$-zulässig, dann hätten wir $\mathfrak{N}_{(0)} \supseteqq \mathfrak{N}_\mathfrak{a}$, daher $\mathfrak{N}_{(0)} = \mathfrak{N}_\mathfrak{a}$. Setzt man voraus, daß $\mathfrak{r}$ unendlich viele Primideale besitzt, dann gibt es ein Primideal $\mathfrak{t} \neq \mathfrak{p}_i$ für $i = 1, 2 \ldots s$. Bestimmt man nun t aus dem Kongruenzsystem

$$t \equiv 1 \bmod \mathfrak{p}_1 \mathfrak{p}_2 \ldots \mathfrak{p}_s$$
$$t \equiv 0 \bmod \mathfrak{t}$$

dann gilt $t \in \mathfrak{N}_\mathfrak{a} = \mathfrak{N}_{(0)} \subseteqq \mathfrak{N}_\mathfrak{t}$, andererseits gilt aber auch $t \notin \mathfrak{N}_\mathfrak{t}$. Daher ist $\mathfrak{u} = (0)$ nicht $\mathfrak{a}$-zulässig.

Wir haben daher folgenden

Satz 3,1: *Ist $\mathfrak{r}$ ein NT-Ring mit unendlich vielen Primidealen, so ist das Ideal $\mathfrak{u}$ dann und nur dann $\mathfrak{a}$-zulässig, wenn gilt $k(\mathfrak{u}) \supseteqq k(\mathfrak{a})$.*

Zum Beweis braucht man sich ja bloß zu überlegen, daß einerseits die angegebene Bedingung in jeder der drei für $\mathfrak{a}$ unterschiedenen Möglichkeiten notwendig ist, andererseits in jeder dieser drei Möglichkeiten aber auch hinreicht; im dritten Fall geht dabei ein, daß jeder Primidealteiler eines Ideales mit Primärzerlegung ein zugehöriges Primideal der Primärzerlegung umfaßt.

Mit Hilfe dieses Satzes kann man auch umgekehrt für einen NT-Ring mit unendlich vielen Primidealen zu einem gegebenen Ideal $\mathfrak{u}$ sofort alle Ideale $\mathfrak{a}$ ermitteln, für welche $\mathfrak{u}$ ein $\mathfrak{a}$-zulässiges Ideal ist, was wir aber nicht ausführen wollen.

4. Kürzungsideale.

Def.: *Sei $\mathfrak{a}$ ein Ideal in $\mathfrak{r}$. Wir verstehen unter einem $\mathfrak{a}$-Kürzungsideal von $\mathfrak{r}[x]$ ein Ideal K von $\mathfrak{r}[x]$ mit folgender Eigenschaft:*

$$\textit{Aus } a(x)\, b(x) \in K \textit{ und } b(x) \in \mathfrak{N}_\mathfrak{a} \textit{ folgt } a(x) \in K \tag{4,1}$$

Es gilt: *Ist $\mathfrak{u}$ ein $\mathfrak{a}$-zulässiges Ideal, dann ist das Polynomideal $\{\mathfrak{u}\}$ ein $\mathfrak{a}$-Kürzungsideal*[1])

---

[1]) Definition von $\{\mathfrak{u}\}$ in [3]

Bew.: Sei $a(x)\, b(x) \in \{\mathfrak{u}\}$ und $b(x) \in \mathfrak{N}_{\mathfrak{a}}$, dann haben wir

$$a(r)\, b(r) \in \mathfrak{u} \qquad b(r) \text{ ist invertierbar mod } \mathfrak{u}$$

daraus folgt $a(r) \in \mathfrak{u}$, also $a(x) \in \{\mathfrak{u}\}$

Weiter gilt: *Sind K_1 und K_2 beide $\mathfrak{a}$-Kürzungsideale, dann ist auch $K_1 \cap K_2$ ein $\mathfrak{a}$-Kürzungsideal.*

Bew: Sei $a(x)\, b(x) \in K_1 \cap K_2$ und $b(x) \in \mathfrak{N}_{\mathfrak{a}}$, dann folgt sofort

$$a(x) \in K_1 \cap K_2$$

5. Die Operation des Doppeleinsetzens.

Wir definieren im Polynomring $\mathfrak{r}[x]$ eine dreistellige Operation „Doppeleinsetzen" folgendermaßen:

Sind $g(x) = \sum_{\nu=n}^{0} a_\nu x^\nu$ mit $a_n \neq 0$ und $u(x), v(x)$ gegeben, so sei

$$g\big(u(x), v(x)\big) = \sum_{\nu=n}^{0} a_\nu\, u(x)^\nu\, v(x)^{n-\nu}$$

Für $g(x) = 0$ sei $g\big(u(x), v(x)\big) = 0$.

Wir beweisen nun einige Sätze über diese Operation:

1. Aus $g(x) \in \mathfrak{N}_{\mathfrak{a}}$ und $v(x) \in \mathfrak{N}_{\mathfrak{a}}$ folgt stets $g\big(u(x), v(x)\big) \in \mathfrak{N}_{\mathfrak{a}}$

Bew.: $h(x) = g\big(u(x), v(x)\big) = \sum_{\nu=n}^{0} a_\nu\, u(x)^\nu\, v(x)^{n-\nu}$, also gilt:

$$h(r) = \sum_{\nu=n}^{0} a_\nu\, u(r)^\nu\, v(r)^{n-\nu} \equiv \sum_{\nu=n}^{0} a_\nu\, u(r)^\nu\, v(r)^{-\nu}\, v(r)^{n} \equiv$$

$$\equiv v(r)^n \sum_{\nu=n}^{0} a_\nu \big(u(r)\, v(r)^{-1}\big)^\nu \equiv v(r)^n\, g\big(u(r)\, v(r)^{-1}\big) \bmod \mathfrak{a}$$

wo $v(r)^{-1}$ ein Inverses mod $\mathfrak{a}$ von $v(r)$ ist, also

$$h(r) \equiv v(r)^n\, g\big(u(r)\, v(r)^{-1}\big) \bmod \mathfrak{a}$$

also ist $h(r)$ invertierbar mod $\mathfrak{a}$ und daher gilt $h(x) \in \mathfrak{N}_{\mathfrak{a}}$.

Insbesondere gilt für $\mathfrak{a} \neq \mathfrak{r}$ unter obigen Voraussetzungen stets $g\big(u(x), v(x)\big) \neq 0$.

2. Ist $h(x) = f(x)\, g(x)$, dann gilt

$$h\big(u(x), v(x)\big) = f\big(u(x), v(x)\big)\, g\big(u(x), v(x)\big)$$

Bew.: Es sei $f(x) = \sum_{\mu=m}^{0} a_\mu x^\mu \quad a_m \neq 0$

$$g(x) = \sum_{\pi=n}^{0} b_\pi x^\pi \quad b_n \neq 0$$

dann haben wir

$$h(x) = f(x)\, g(x) = \sum_{\nu=m+n}^{0} \left(\sum_{\mu+\pi=\nu} a_\mu b_\pi \right) x^\nu = \sum_{\nu=m+n}^{0} c_\nu x^\nu \quad c_{m+n} \neq 0$$

also

$$h\bigl(u(x), v(x)\bigr) = \sum_{\nu=m+n}^{0} c_\nu u(x)^\nu v(x)^{m+n-\nu} = \sum_{\nu=m+n}^{0} \left(\sum_{\mu+\pi=\nu} a_\mu b_\pi \right) u(x)^\nu v(x)^{m+n-\nu} =$$

$$= \sum_{\mu=m}^{0} a_\mu u(x)^\mu v(x)^{m-\mu} \sum_{\pi=n}^{0} b_\pi u(x)^\pi v(x)^{n-\pi} = f\bigl(u(x), v(x)\ \bigr)\, g\bigl(u(x), v(x)\bigr)$$

3. Ist $h(x) = f(x) + g(x)$, so gibt es stets nichtnegative ganze Zahlen ρ, σ, τ, so daß gilt

$$v(x)^\rho h\bigl(u(x), v(x)\bigr) = v(x)^\sigma f\bigl(u(x), v(x)\bigr) + v(x)^\tau g\bigl(u(x), v(x)\bigr)$$

Bew.: Sei $f(x) = \sum_{\mu=m}^{0} a_\mu x^\mu \qquad a_m \neq 0$

$$g(x) = \sum_{\pi=n}^{0} b_\pi x^\pi \qquad b_n \neq 0$$

Wir unterscheiden vier Fälle:

a) $m > n$. Es gilt dann

$$h\bigl(u(x), v(x)\bigr) = f\bigl(u(x), v(x)\bigr) + v(x)^{m-n} g\bigl(u(x), v(x)\bigr)$$

b) $m < n$. Es gilt dann

$$h\bigl(u(x), v(x)\bigr) = v(x)^{n-m} f\bigl(u(x), v(x)\bigr) + g\bigl(u(x), v(x)\bigr)$$

c) $m = n$ und $a_m + b_m \neq 0$. Es gilt dann

$$h\bigl(u(x), v(x)\bigr) = f\bigl(u(x), v(x)\bigr) + g\bigl(u(x), v(x)\bigr)$$

d) $m = n$ und $a_m + b_m = 0$. Es gilt dann

$$v(x)^\rho h\bigl(u(x), v(x)\bigr) = f\bigl(u(x), v(x)\bigr) + g\bigl(u(x), v(x)\bigr)$$

mit geeignet gewähltem ρ.

6. $\mathfrak{a}$-Vollideale.

Def: *Sei $\mathfrak{a}$ Ideal in $\mathfrak{r}$. Wir verstehen unter einem $\mathfrak{a}$-Vollideal von $\mathfrak{r}[x]$ ein Ideal V von $\mathfrak{r}[x]$ mit folgender Eigenschaft:*

Aus $g(x) \in V$ und $v(x) \in \mathfrak{N}_\mathfrak{a}$ folgt stets $g\bigl(u(x), v(x)\bigr) \in V$. (6,1)

Unter einem $\mathfrak{a}$*-Differentialvollideal von* $\mathfrak{r}[x]$ *verstehen wir ein* $\mathfrak{a}$*-Vollideal* V *von* $\mathfrak{r}[x]$, *für welches auch noch gilt:*

$$\textit{Aus } g(x) \in V \textit{ folgt stets } g'(x) \in V \tag{6,2}$$

Wir beweisen nun einige Sätze über $\mathfrak{a}$-Vollideale:

1. Ist $\mathfrak{u}$ ein $\mathfrak{a}$-zulässiges Ideal, dann ist jedes $\mathfrak{u}$-Vollideal auch ein $\mathfrak{a}$-Vollideal. Insbesondere folgt aus $\mathfrak{u} \supseteq \mathfrak{a}$, daß jedes $\mathfrak{u}$-Vollideal auch $\mathfrak{a}$-Vollideal ist.

2. Jedes $\mathfrak{a}$-Vollideal V von $\mathfrak{r}[x]$ ist Vollideal.[1])

Bew: Für $g(x) \in V$ und beliebiges $u(x)$ haben wir wegen $1 \in \mathfrak{N}_\mathfrak{a}$

$$g\big(u(x), 1\big) = g\big(u(x)\big) \in V$$

3. Jedes Ideal $(\mathfrak{u})$ ist ein $\mathfrak{a}$-Vollideal.[2])

4. Ist $\mathfrak{u}$ ein $\mathfrak{a}$-zulässiges Ideal, dann ist $\{\mathfrak{u}\}$ ein $\mathfrak{a}$-Vollideal.

Bew: Wegen 1 genügt es zu zeigen, daß $\{\mathfrak{u}\}$ ein $\mathfrak{u}$-Vollideal ist. Sei also $g(x) = \sum_{\nu=n}^{0} a_\nu x^\nu \in \{\mathfrak{u}\}$ und $v(x) \in \mathfrak{N}_\mathfrak{u}$, dann haben wir

$$h(x) = g\big(u(x), v(x)\big) = \sum_{\nu=n}^{0} a_\nu u(x)^\nu v(x)^{n-\nu}$$

also gilt für jedes $r \in \mathfrak{r}$

$$h(r) = \sum_{\nu=n}^{0} a_\nu u(r)^\nu v(r)^{n-\nu} \equiv v(r)^n \sum_{\nu=n}^{0} a_\nu \big(u(r)\, v(r)^{-1}\big)^\nu =$$
$$= v(r)^n g\big(u(r)\, v(r)^{-1}\big) \equiv 0 \mod \mathfrak{u}$$

also gilt $g\big(u(x), v(x)\big) \in \{\mathfrak{u}\}$

5. Ist A ein $\mathfrak{a}$-Vollideal und B ein $\mathfrak{b}$-Vollideal, dann ist das Ideal $A \cap B$ ein $\mathfrak{a} \cap \mathfrak{b}$-Vollideal.

Bew: Aus $\varphi(x) \in A \cap B$ folgt $\varphi(x) \in A$ und $\varphi(x) \in B$, also gilt

$$\varphi\big(u(x), v(x)\big) \in A \text{ für } v(x) \in \mathfrak{N}_\mathfrak{a}$$
$$\varphi\big(u(x), v(x)\big) \in B \text{ für } v(x) \in \mathfrak{N}_\mathfrak{b}$$

daher

$$\varphi\big(u(x), v(x)\big) \in A \cap B \text{ für } v(x) \in \mathfrak{N}_\mathfrak{a} \cap \mathfrak{N}_\mathfrak{b}$$

wegen 2,4 daher

$$\varphi\big(u(x), v(x)\big) \in A \cap B \text{ für } v(x) \in \mathfrak{N}_{\mathfrak{a} \cap \mathfrak{b}}$$

[1]) Definition des Begriffes „Vollideal" in [3]

[2]) Definition von $(\mathfrak{u})$ in [3]

Spezialfall: Sind A und B beide $\mathfrak{a}$-Vollideale, dann ist auch $A \cap B$ ein $\mathfrak{a}$-Vollideal.

7. Die algebraische Struktur $\mathfrak{R}_\mathfrak{a}$.

Wir bilden den Polynomring $\mathfrak{r}[x]$ über den Integritätsbereich $\mathfrak{r}$ und zum Integritätsbereich $\mathfrak{r}[x]$ den Quotientenkörper $\mathfrak{r}(x)$.

Es sei $\mathfrak{a} \neq \mathfrak{r}$ ein Ideal in $\mathfrak{r}$. Mit $\mathfrak{R}_\mathfrak{a}$ bezeichnen wir die Menge aller Elemente von $\mathfrak{r}(x)$, die sich darstellen lassen in der Form

$$\frac{f(x)}{g(x)} \qquad g(x) \in \mathfrak{R}_\mathfrak{a} \qquad (7,1)$$

Beh: $\mathfrak{R}_\mathfrak{a}$ ist abgeschlossen gegenüber der Addition und Multiplikation von $\mathfrak{r}[x]$.

Bew: Sind $\dfrac{f(x)}{g(x)}$ mit $g(x) \in \mathfrak{R}_\mathfrak{a}$ und $\dfrac{u(x)}{v(x)}$ mit $v(x) \in \mathfrak{R}_\mathfrak{a}$ gegeben, so gilt

$$\frac{f(x)}{g(x)} + \frac{u(x)}{v(x)} = \frac{f(x)\,v(x) + g(x)\,u(x)}{g(x)\,v(x)}$$

$$\frac{f(x)}{g(x)} \cdot \frac{u(x)}{v(x)} = \frac{f(x)\,u(x)}{g(x)\,v(x)}$$

wegen $g(x)\,v(x) \in \mathfrak{R}_\mathfrak{a}$ ist also die Behauptung richtig.

In $\mathfrak{R}_\mathfrak{a}$ sind also die beiden Verknüpfungen Addition und Multiplikation ausführbar. Wir definieren nun eine dritte Verknüpfung „Einsetzen" (bezeichnet durch das Symbol $\circ$) in $\mathfrak{R}_\mathfrak{a}$ folgendermaßen: Sind $\dfrac{f(x)}{g(x)}$ mit $g(x) \in \mathfrak{R}_\mathfrak{a}$ und $\dfrac{u(x)}{v(x)}$ mit $v(x) \in \mathfrak{R}_\mathfrak{a}$ gegeben und ist m das Maximum der echten Grade von $f(x)$ und $g(x)$ — wir bezeichnen es im folgenden kurz als Grad von $\dfrac{f(x)}{g(x)}$ — so sei

$$\frac{f(x)}{g(x)} \circ \frac{u(x)}{v(x)} = \frac{f\!\left(\dfrac{u(x)}{v(x)}\right) v(x)^m}{g\!\left(\dfrac{u(x)}{v(x)}\right) v(x)^m} \qquad (7,2)$$

Dabei sind $f\!\left(\dfrac{u(x)}{v(x)}\right)$ und $g\!\left(\dfrac{u(x)}{v(x)}\right)$ die durch das Ersetzen von x durch $\dfrac{u(x)}{v(x)}$ aus $f(x)$ bzw. $g(x)$ erhaltenen rationalen Funktionen.

Zunächst ist zu zeigen, daß die rechte Seite von (7,2) tatsächlich wieder zu $\mathfrak{R}_{\mathfrak{a}}$ gehört. Wir haben

$$g\left(\frac{u(x)}{v(x)}\right) v(x)^m = g\big(u(x), v(x)\big)\, v(x)^\sigma \text{ mit } \sigma \geqq 0$$

also gehört wegen 5,1 und 2,1 der Nenner von (7,2) wieder zu $\mathfrak{R}_{\mathfrak{a}}$, ist also insbesondere $\neq 0$, daher ist die rechte Seite von (7,2) eine rationale Funktion von $\mathfrak{R}_{\mathfrak{a}}$.

Weiter haben wir uns zu überlegen, daß die rechte Seite von (7,2) bei Übergang zu anderen Quotientendarstellungen für die Elemente auf der linken Seite ungeändert bleibt:

Zunächst sei $\frac{f(x)}{g(x)} = \frac{f_1(x)}{g_1(x)}$ und m_1 der Grad von $\frac{f_1(x)}{g_1(x)}$, dann gilt

$$f(x)\, g_1(x) = f_1(x)\, g(x)$$

$$f\left(\frac{u(x)}{v(x)}\right) g_1\left(\frac{u(x)}{v(x)}\right) = f_1\left(\frac{u(x)}{v(x)}\right) g\left(\frac{u(x)}{v(x)}\right)$$

$$v(x)^m f\left(\frac{u(x)}{v(x)}\right) v(x)^{m_1} g_1\left(\frac{u(x)}{v(x)}\right) = v(x)^{m_1} f_1\left(\frac{u(x)}{v(x)}\right) v(x)^m g\left(\frac{u(x)}{v(x)}\right)$$

womit bewiesen ist, daß die rechte Seite von (7,2) bei Übergang von $\frac{f(x)}{g(x)}$ zu $\frac{f_1(x)}{g_1(x)}$ ungeändert bleibt.

Nun sei $\frac{u(x)}{v(x)} = \frac{u_1(x)}{v_1(x)}$, dann gilt

$$f\left(\frac{u(x)}{v(x)}\right) = f\left(\frac{u_1(x)}{v_1(x)}\right) \qquad g\left(\frac{u(x)}{v(x)}\right) = g\left(\frac{u_1(x)}{v_1(x)}\right)$$

$$f\left(\frac{u(x)}{v(x)}\right) g\left(\frac{u_1(x)}{v_1(x)}\right) v(x)^m\, v_1(x)^m = f\left(\frac{u_1(x)}{v_1(x)}\right) g\left(\frac{u(x)}{v(x)}\right) v(x)^m\, v_1(x)^m$$

$$\frac{f\left(\frac{u(x)}{v(x)}\right) v(x)^m}{g\left(\frac{u(x)}{v(x)}\right) v(x)^m} = \frac{f\left(\frac{u_1(x)}{v_1(x)}\right) v_1(x)^m}{g\left(\frac{u_1(x)}{v_1(x)}\right) v_1(x)^m}$$

die rechte Seite von (7,2) bleibt also auch beim Übergang von $\frac{u(x)}{v(x)}$ zu $\frac{u_1(x)}{v_1(x)}$ ungeändert.

Schließlich überlegen wir uns noch, daß $\mathfrak{R}_a$ auch abgeschlossen ist gegenüber der Differentiation von $\mathfrak{r}(x)$.

Bew: Ist $\frac{f(x)}{g(x)}$ mit $g(x) \in \mathfrak{R}_a$ gegeben, so gilt

$$\left(\frac{f(x)}{g(x)}\right)' = \frac{d}{dx}\left(\frac{f(x)}{g(x)}\right) = \frac{g(x)\,f'(x) - f(x)\,g'(x)}{g(x)^2}$$

was wegen $g(x)^2 \in \mathfrak{R}_a$ wieder zu $\mathfrak{R}_a$ gehört.

$\mathfrak{R}_a$ ist also eine algebraische Struktur mit den drei zweistelligen Operationen Addition, Multiplikation und Einsetzen und der einstelligen Operation Differentiation.

8. Die Rechengesetze von $\mathfrak{R}_a$.

Wir wollen nun untersuchen, welche Rechenregeln in $\mathfrak{R}_a$ gelten:

1. *Bezüglich der Addition und Multiplikation ist* $\mathfrak{R}_a$ *ein Integritätsbereich.*

Das ist unmittelbar einzusehen.

2. *Bezüglich des Einsetzens ist* $\mathfrak{R}_a$ *eine Halbgruppe mit Einselement.*

Bew: Zunächst sieht man gleich, daß das Element $x \in \mathfrak{R}_a$ Einselement bezüglich der Verknüpfung Einsetzen ist. Es bleibt also noch zu zeigen, daß das Einsetzen assoziativ ist:

Gegeben seien die Elemente $\frac{f(x)}{g(x)} = \frac{\sum\limits_{\nu=m}^{0} a_\nu x^\nu}{\sum\limits_{\nu=m}^{0} b_\nu x^\nu}, \frac{r(x)}{s(x)}, \frac{u(x)}{v(x)}$ aus $\mathfrak{R}_a$, wobei $g(x), s(x), v(x)$ aus $\mathfrak{R}_a$ seien. Die Grade dieser drei Quotienten seien m, n, p. Wir haben dann

$$\left(\frac{f(x)}{g(x)} \circ \frac{r(x)}{s(x)}\right) = \frac{f\left(\frac{r(x)}{s(x)}\right) s(x)^m}{g\left(\frac{r(x)}{s(x)}\right) s(x)^m} = \frac{\sum\limits_{\nu=m}^{0} a_\nu r(x)^\nu s(x)^{m-\nu}}{\sum\limits_{\nu=m}^{0} b_\nu r(x)^\nu s(x)^{m-\nu}}$$

also gilt, wenn q den Grad des rechtsstehenden Quotienten bezeichnet:

$$\left(\frac{f(x)}{g(x)}\circ\frac{r(x)}{s(x)}\right)\circ\frac{u(x)}{v(x)}=\frac{\sum\limits_{\nu=m}^{0} a_\nu r\left(\frac{u(x)}{v(x)}\right)^\nu s\left(\frac{u(x)}{v(x)}\right)^{m-\nu} v(x)^q}{\sum\limits_{\nu=m}^{0} b_\nu r\left(\frac{u(x)}{v(x)}\right)^\nu s\left(\frac{u(x)}{v(x)}\right)^{m-\nu} v(x)^q}$$

Weiter haben wir:

$$\frac{r(x)}{s(x)}\circ\frac{u(x)}{v(x)}=\frac{r\left(\frac{u(x)}{v(x)}\right)v(x)^n}{s\left(\frac{u(x)}{v(x)}\right)v(x)^n}$$

also gilt

$$\frac{f(x)}{g(x)}\circ\left(\frac{r(x)}{s(x)}\circ\frac{u(x)}{v(x)}\right)=\frac{\sum\limits_{\nu=m}^{0} a_\nu\left(r\left(\frac{u(x)}{v(x)}\right)v(x)^n\right)^\nu\left(s\left(\frac{u(x)}{v(x)}\right)v(x)^n\right)^{m-\nu}}{\sum\limits_{\nu=m}^{0} b_\nu\left(r\left(\frac{u(x)}{v(x)}\right)v(x)^n\right)^\nu\left(s\left(\frac{u(x)}{v(x)}\right)v(x)^n\right)^{m-\nu}}$$

$$=\frac{\sum\limits_{\nu=m}^{0} a_\nu r\left(\frac{u(x)}{v(x)}\right)^\nu s\left(\frac{u(x)}{v(x)}\right)^{m-\nu} v(x)^{mn}}{\sum\limits_{\nu=m}^{0} b_\nu r\left(\frac{u(x)}{v(x)}\right)^\nu s\left(\frac{u(x)}{v(x)}\right)^{m-\nu} v(x)^{mn}}$$

Der Vergleich mit dem vorher abgeleiteten Ausdruck zeigt die Gültigkeit des Assoziativgesetzes.

3. *Das Einsetzen ist rechtsdistributiv gegenüber Addition und Multiplikation.*

Bew: I. $\left(\frac{f_1(x)}{g_1(x)}+\frac{f_2(x)}{g_2(x)}\right)\circ\frac{u(x)}{v(x)}=\frac{f_1(x)\,g_2(x)+f_2(x)\,g_1(x)}{g_1(x)\,g_2(x)}\circ\frac{u(x)}{v(x)}=$

$$=\frac{\left(f_1\left(\frac{u(x)}{v(x)}\right)g_2\left(\frac{u(x)}{v(x)}\right)+f_2\left(\frac{u(x)}{v(x)}\right)g_1\left(\frac{u(x)}{v(x)}\right)\right)v(x)^{m_1+m_2}}{g_1\left(\frac{u(x)}{v(x)}\right)g_2\left(\frac{u(x)}{v(x)}\right)v(x)^{m_1+m_2}}=$$

$$=\frac{f_1\left(\frac{u(x)}{v(x)}\right)v(x)^{m_1}}{g_1\left(\frac{u(x)}{v(x)}\right)v(x)^{m_1}}+\frac{f_2\left(\frac{u(x)}{v(x)}\right)v(x)^{m_2}}{g_2\left(\frac{u(x)}{v(x)}\right)v(x)^{m_2}}=\left(\frac{f_1(x)}{g_1(x)}\circ\frac{u(x)}{v(x)}\right)+\left(\frac{f_2(x)}{g_2(x)}\circ\frac{u(x)}{v(x)}\right)$$

Dabei sind m_1 bzw. m_2 die Grade von $\frac{f_1(x)}{g_1(x)}$ bzw. $\frac{f_2(x)}{g_2(x)}$, daher ist der Grad von $\frac{f_1(x)\,g_2(x)+f_2(x)\,g_1(x)}{g_1(x)\,g_2(x)}$ höchstens m_1+m_2

II.
$$\left(\frac{f_1(x)}{g_1(x)}\cdot\frac{f_2(x)}{g_2(x)}\right)\circ\frac{u(x)}{v(x)}=$$

$$=\frac{f_1\left(\frac{u(x)}{v(x)}\right)f_2\left(\frac{u(x)}{v(x)}\right)v(x)^{m_1+m_2}}{g_1\left(\frac{u(x)}{v(x)}\right)g_2\left(\frac{u(x)}{v(x)}\right)v(x)^{m_1+m_2}}=\frac{f_1\left(\frac{u(x)}{v(x)}\right)v(x)^{m_1}f_2\left(\frac{u(x)}{v(x)}\right)v(x)^{m_2}}{g_1\left(\frac{u(x)}{v(x)}\right)v(x)^{m_1}g_2\left(\frac{u(x)}{v(x)}\right)v(x)^{m_2}}=$$

$$=\left(\frac{f_1(x)}{g_1(x)}\circ\frac{u(x)}{v(x)}\right)\left(\frac{f_2(x)}{g_2(x)}\circ\frac{u(x)}{v(x)}\right)$$

4. *Für die Differentiation gelten die Summen —, Produkt — und Kettenregel.*

Bew: Die Summenregel
$$\left(\frac{f(x)}{g(x)}+\frac{f_1(x)}{g_1(x)}\right)'=\left(\frac{f(x)}{g(x)}\right)'+\left(\frac{f_1(x)}{g_1(x)}\right)'$$
und die Produktregel
$$\left(\frac{f(x)}{g(x)}\cdot\frac{f_1(x)}{g_1(x)}\right)'=\frac{f(x)}{g(x)}\left(\frac{f_1(x)}{g_1(x)}\right)'+\left(\frac{f(x)}{g(x)}\right)'\frac{f_1(x)}{g_1(x)}$$
gelten ganz allgemein für die Elemente von $\mathfrak{r}(x)$, also auch für die Elemente von $\mathfrak{R}_a$.

Die Kettenregel
$$\left(\frac{f(x)}{g(x)}\circ\frac{u(x)}{v(x)}\right)'=\left(\left(\frac{f(x)}{g(x)}\right)'\circ\frac{u(x)}{v(x)}\right)\left(\frac{u(x)}{v(x)}\right)'$$
läßt sich folgendermaßen beweisen:

Für ein beliebiges Polynom $\varphi(x)=\sum a_\nu x^\nu\in\mathfrak{r}[x]$ haben wir
$$\varphi\left(\frac{u(x)}{v(x)}\right)=\sum a_\nu\left(\frac{u(x)}{v(x)}\right)^\nu=\sum a_\nu\frac{u(x)^\nu}{v(x)^\nu}$$
also gilt
$$\left(\varphi\left(\frac{u(x)}{v(x)}\right)\right)'=\sum a_\nu\frac{\nu\,u(x)^{\nu-1}u'(x)\,v(x)^\nu-u(x)^\nu\,\nu\,v(x)^{\nu-1}v'(x)}{v(x)^{2\nu}}=$$
$$=\sum\nu\,a_\nu\left(\frac{u(x)}{v(x)}\right)^{\nu-1}\frac{v(x)\,u'(x)-u(x)\,v'(x)}{v(x)^2}=\varphi'\left(\frac{u(x)}{v(x)}\right)\cdot\left(\frac{u(x)}{v(x)}\right)'$$

also haben wir, wenn m der Grad von $\frac{f(x)}{g(x)}$ ist, und wir das Argument x der Einfachheit halber weglassen:

$$\left(\frac{f}{g}\circ\frac{u}{v}\right)' = \left(\frac{f\left(\frac{u}{v}\right)v^m}{g\left(\frac{u}{v}\right)v^m}\right)' =$$

$$= \frac{1}{g\left(\frac{u}{v}\right)v^m}\left(f'\left(\frac{u}{v}\right)\cdot\left(\frac{u}{v}\right)'v^m + f\left(\frac{u}{v}\right)m\,v^{m-1}\,v'\right) -$$

$$- f\left(\frac{u}{v}\right)v^m\frac{g'\left(\frac{u}{v}\right)\cdot\left(\frac{u}{v}\right)'v^m + g\left(\frac{u}{v}\right)m\,v^{m-1}\,v'}{g\left(\frac{u}{v}\right)^2 v^{2m}} =$$

$$= \frac{g\left(\frac{u}{v}\right)f'\left(\frac{u}{v}\right)\cdot\left(\frac{u}{v}\right)'v^{2m+1} + g\left(\frac{u}{v}\right)f\left(\frac{u}{v}\right)m\,v^{2m}\,v'}{g\left(\frac{u}{v}\right)^2 v^{2m+1}} -$$

$$- \frac{f\left(\frac{u}{v}\right)g'\left(\frac{u}{v}\right)\cdot\left(\frac{u}{v}\right)'v^{2m+1} + f\left(\frac{u}{v}\right)g\left(\frac{u}{v}\right)m\,v^{2m}\,v'}{g\left(\frac{u}{v}\right)^2 v^{2m+1}} =$$

$$= \frac{\left(g\left(\frac{u}{v}\right)f'\left(\frac{u}{v}\right) - f\left(\frac{u}{v}\right)g'\left(\frac{u}{v}\right)\right)v^{2m-1}\left(\frac{u}{v}\right)'v^2}{g\left(\frac{u}{v}\right)^2 v^{2m+1}} =$$

$$= \frac{\left(g\left(\frac{u}{v}\right)f'\left(\frac{u}{v}\right) - f\left(\frac{u}{v}\right)g'\left(\frac{u}{v}\right)\right)v^{2m}}{g\left(\frac{u}{v}\right)^2 v^{2m}}\left(\frac{u}{v}\right)' = \left(\left(\frac{f}{g}\right)'\circ\frac{u}{v}\right)\left(\frac{u}{v}\right)'$$

5. $\mathfrak{r}[x]$ *ist in* $\mathfrak{R}_a$ *enthalten und bezüglich aller vier Operationen von* $\mathfrak{R}_a$ *eine Unterstruktur von* $\mathfrak{R}_a$.

Das ist sofort einzusehen.

9. Die homomorphen Bilder von $\mathfrak{R}_a$.

Wir wollen nun eine Übersicht über die homomorphen Bilder der algebraischen Struktur $\mathfrak{R}_a$ gewinnen. Nach dem allgemeinen Homomorphiesatz sind die homomorphen Bilder von $\mathfrak{R}_a$ bis auf Isomorphie gerade die sämtlichen Restklassenalgebren von $\mathfrak{R}_a$ nach den Kongruenzrelationen von $\mathfrak{R}_a$. Diese sind also aufzusuchen.

Wir werden $\mathfrak{R}_a$ dabei sowohl betrachten als Struktur mit den drei Verknüpfungen Addition, Multiplikation und Einsetzen, als auch als Struktur, bei der auch noch die Differentiation als Verknüpfung dazukommt. Jede Kongruenzrelation ϑ von $\mathfrak{R}_a$ ist auch eine Kongruenzrelation in dem von $\mathfrak{R}_a$ bezüglich der Addition und Multiplikation gebildeten Ring, also eine Kongruenzrelation nach einem Ideal $A \subseteq \mathfrak{R}_a$. Außerdem gilt für dieses Ideal aber auch noch:

Aus $\alpha_1 \equiv \alpha_2 \bmod A$ und $\beta_1 \equiv \beta_2 \bmod A$ folgt $\alpha_1 \circ \beta_1 \equiv \alpha_2 \circ \beta_2 \bmod A$ (9,1)

bzw., falls auch noch die Differentiation dazukommt:

$$\text{Aus } \alpha_1 \equiv \alpha_2 \bmod A \text{ folgt } \alpha'_1 \equiv \alpha'_2 \bmod A. \tag{9,2}$$

Die Ideale $A \subseteq \mathfrak{R}_a$, welche (9,1) erfüllen, wollen wir als *Vollideale* von $\mathfrak{R}_a$ bezeichnen, die Ideale, welche (9,1) und (9,2) erfüllen, nennen wir *Differentialvollideale* (kurz *D-Vollideale*) von $\mathfrak{R}_a$.

Es gilt also: Die homomorphen Bilder von $\mathfrak{R}_a$ bezüglich Addition, Multiplikation und Einsetzen sind bis auf Isomorphie die Restklassenalgebren von $\mathfrak{R}_a$ nach den durch die Vollideale von $\mathfrak{R}_a$ erzeugten Kongruenzrelationen, die homomorphen Bilder von $\mathfrak{R}_a$ bezüglich Addition, Multiplikation, Einsetzen und Differentiation sind bis auf Isomorphie die Restklassenalgebren nach den durch die D-Vollideale von $\mathfrak{R}_a$ erzeugten Kongruenzrelationen.

Wir haben also alle Vollideale bezw. alle D-Vollideale von $\mathfrak{R}_a$ zu ermitteln. Zu diesem Zweck wollen wir zunächst eine Übersicht über sämtliche Ideale von $\mathfrak{R}_a$ gewinnen:

Wir setzen $\mathfrak{r}[x] = G$ und bezeichnen für eine beliebige Teilmenge $Z \subseteq G$ mit $\frac{Z}{\mathfrak{R}_a}$ die Menge aller rationalen Funktionen der Form

$$\frac{a(x)}{n(x)} \text{ mit } a(x) \in Z,\ n(x) \in \mathfrak{R}_a.$$

Es gilt dann folgender

Satz 9,1: *Man erhält sämtliche Ideale von $\mathfrak{N}_\mathfrak{a}$ genau einmal, wenn man in $\frac{Z}{\mathfrak{N}_\mathfrak{a}}$ das Z sämtliche $\mathfrak{a}$-Kürzungsideale von G durchlaufen läßt.*

Zusatz: *Ist L ein Ideal von G, dann ist $\frac{L}{\mathfrak{N}_\mathfrak{a}}$ stets ein Ideal von $\mathfrak{N}_\mathfrak{a}$.*

Bew: Zunächst ist die Richtigkeit des Zusatzes sehr leicht einzusehen. Daraus folgt, daß alle $\frac{Z}{\mathfrak{N}_\mathfrak{a}}$ Ideale von $\mathfrak{N}_\mathfrak{a}$ sind.

Sei andererseits A Ideal in $\mathfrak{N}_\mathfrak{a}$. Wir bezeichnen mit Z die Menge aller in den Quotientendarstellungen der Elemente von A auftretenden Zähler. Es gilt dann $Z \subseteqq G$ und $Z \subseteqq A$, denn aus $\frac{u(x)}{v(x)} \in A$ folgt sogleich $v(x)\frac{u(x)}{v(x)} = u(x) \in A$, also $Z \subseteqq G \cap A$. Umgekehrt gilt aber natürlich auch $G \cap A \subseteqq Z$, also $Z = G \cap A$. Daraus folgt sogleich, daß Z ein Ideal in G ist. Klarerweise gilt $\frac{Z}{\mathfrak{N}_\mathfrak{a}} = A$. Schließlich ist Z ein $\mathfrak{a}$-Kürzungsideal; denn sei $a(x)\, b(x) \in Z$ und $b(x) \in \mathfrak{N}_\mathfrak{a}$, dann gilt $\frac{a(x)\, b(x)}{b(x)} = a(x) \in A$, also $a(x) \in Z$. Daher kommen unter den $\frac{Z}{\mathfrak{N}_\mathfrak{a}}$ sämtliche Ideale von $\mathfrak{N}_\mathfrak{a}$ vor.

Wenn schließlich für zwei $\mathfrak{a}$-Kürzungsideale Z_1 und Z_2 eine Beziehung $\frac{Z_1}{\mathfrak{N}_\mathfrak{a}} = \frac{Z_2}{\mathfrak{N}_\mathfrak{a}}$ gilt, so haben wir für $z_1(x) \in Z_1$:

$z_1(x) \in \frac{Z_2}{\mathfrak{N}_\mathfrak{a}} \rightarrow z_1(x) = \frac{z_2(x)}{n(x)}$ mit $z_2(x) \in Z_2$ und $n(x) \in \mathfrak{N}_\mathfrak{a} \rightarrow z_1(x)\, n(x) \in Z_2$ $\rightarrow z_1(x) \in Z_2$, also gilt $Z_1 \subseteqq Z_2$, ebenso gilt $Z_2 \subseteqq Z_1$, also $Z_1 = Z_2$. Daraus folgt einerseits, daß die $\frac{Z}{\mathfrak{N}_\mathfrak{a}}$ lauter verschiedene Ideale von $\mathfrak{N}_\mathfrak{a}$ sind, andererseits folgt, daß man, um sämtliche Ideale von $\mathfrak{N}_\mathfrak{a}$ zu erhalten, in $\frac{Z}{\mathfrak{N}_\mathfrak{a}}$ das Z tatsächlich sämtliche $\mathfrak{a}$ – Kürzungsideale von G durchlaufen lassen muß.

Nun wollen wir sämtliche Vollideale von $\mathfrak{R}_a$ ermitteln. Da beweisen wir vorerst folgenden

Hilfssatz: *Ist L ein beliebiges Ideal von G, so gilt: Aus* $\beta_1 \equiv \beta_2 \bmod \frac{L}{\mathfrak{R}_a}$ *folgt* $\tau \circ \beta_1 \equiv \tau \circ \beta_2 \bmod \frac{L}{\mathfrak{R}_a}$ *für jedes* $\tau \in \mathfrak{R}_a$.

Beweis: Sei $\tau = \frac{a(x)}{b(x)}$, $\beta_1 = \frac{u(x)}{v(x)}$, $\beta_2 = \frac{u_2(x)}{v_2(x)}$ und m der Grad von τ.

Zunächst haben wir: $\beta_2 = \beta_1 + \frac{l(x)}{w(x)}$ mit $l(x) \in L$, $w(x) \in \mathfrak{R}_a$, also, wenn wir der Einfachheit halber die Argumente x weglassen:

$$\beta_2 = \frac{u\,w + l\,v}{v\,w}$$

Also gilt:

$$\tau \circ \beta_1 = \frac{a\left(\frac{u}{v}\right) v^m}{b\left(\frac{u}{v}\right) v^m} = \frac{\sum a_\nu u^\nu v^{m-\nu}}{\sum b_\nu u^\nu v^{m-\nu}}$$

$$\tau \circ \beta_2 = \frac{a\left(\frac{u\,w + l\,v}{v\,w}\right)(v\,w)^m}{b\left(\frac{u\,w + l\,v}{v\,w}\right)(v\,w)^m} = \frac{\sum a_\nu (u\,w + l\,v)^\nu (v\,w)^{m-\nu}}{\sum b_\nu (u\,w + l\,v)^\nu (v\,w)^{m-\nu}} =$$

$$= \frac{\sum a_\nu (u\,w)^\nu (v\,w)^{m-\nu} + l_1}{\sum b_\nu (u\,w)^\nu (v\,w)^{m-\nu} + l_2} = \frac{a\left(\frac{u}{v}\right) v^m w^m + l_1}{b\left(\frac{u}{v}\right) v^m w^m + l_2}$$

mit $l_1, l_2 \in L$, also haben wir

$$(\tau \circ \beta_2) - (\tau \circ \beta_1) = \frac{l_1 b\left(\frac{u}{v}\right) v^m - l_2 a\left(\frac{u}{v}\right) v^m}{\left(b\left(\frac{u}{v}\right) \cdot (v\,w)^m + l_2\right) b\left(\frac{u}{v}\right) v^m} \equiv 0 \bmod \frac{L}{\mathfrak{R}_a}$$

Weiter beweisen wir folgenden

Satz 9,2: *Ist L ein beliebiges Ideal von G, so ist* $\frac{L}{\mathfrak{R}_a}$ *dann und nur dann ein Vollideal von* $\mathfrak{R}_a$, *wenn gilt:*

Aus $\alpha \equiv 0$ *mod* $\frac{L}{\mathfrak{N}_\mathfrak{a}}$ *folgt* $\alpha \circ \tau \equiv 0$ *mod* $\frac{L}{\mathfrak{N}_\mathfrak{a}}$ *für jedes* $\tau \in \mathfrak{N}_\mathfrak{a}$

Bew: Ist $\frac{L}{\mathfrak{N}_\mathfrak{a}}$ Vollideal, dann folgt aus $\alpha \equiv 0 \bmod \frac{L}{\mathfrak{N}_\mathfrak{a}}$ stets $\alpha \circ \tau \equiv \equiv 0 \circ \tau \equiv 0 \bmod \frac{L}{\mathfrak{N}_\mathfrak{a}}$. Ist dies umgekehrt der Fall, so folgt aus $\alpha_1 \equiv \alpha_2 \bmod \frac{L}{\mathfrak{N}_\mathfrak{a}}$ und $\beta_1 \equiv \beta_2 \bmod \frac{L}{\mathfrak{N}_\mathfrak{a}}$ der Reihe nach — unter Benützung des vorhergehenden Hilfssatzes: $(\alpha_1 - \alpha_2) \equiv 0$, $(\alpha_1 - \alpha_2) \circ \beta_1 \equiv 0$, $\alpha_1 \circ \beta_1 \equiv \equiv \alpha_2 \circ \beta_1$, $\alpha_2 \circ \beta_1 \equiv \alpha_2 \circ \beta_2$, also haben wir $\alpha_1 \circ \beta_1 \equiv \alpha_2 \circ \beta_2 \bmod \frac{L}{\mathfrak{N}_\mathfrak{a}}$, daher ist $\frac{L}{\mathfrak{N}_\mathfrak{a}}$ Vollideal.

Nun können wir ohne Mühe beweisen den folgenden

Satz 9,3: *Man erhält sämtliche Vollideale von* $\mathfrak{N}_\mathfrak{a}$ *genau einmal, wenn man in* $\frac{Z}{\mathfrak{N}_\mathfrak{a}}$ *das* Z *sämtliche Ideale von* G *durchlaufen läßt, welche gleichzeitig* $\mathfrak{a}$*-Kürzungsideale und* $\mathfrak{a}$*-Vollideale sind.*

Zusatz: *Ist* L *ein* $\mathfrak{a}$*-Vollideal von* G*, dann ist* $\frac{L}{\mathfrak{N}_\mathfrak{a}}$ *ein Vollideal von* $\mathfrak{N}_\mathfrak{a}$.

Bew: Sei L ein $\mathfrak{a}$-Vollideal von G und $\alpha \in \frac{L}{\mathfrak{N}_\mathfrak{a}}$, dann haben wir $\alpha = \frac{g(x)}{h(x)}$ mit $g(x) \in L$, $h(x) \in \mathfrak{N}_\mathfrak{a}$. Also gilt

$$\alpha \circ \tau = \frac{g(x)}{h(x)} \circ \frac{u(x)}{v(x)} = \frac{g\big(u(x), v(x)\big)\, v(x)^\mu}{h\big(u(x), v(x)\big)\, v(x)^\nu} \in \frac{L}{\mathfrak{N}_\mathfrak{a}}$$

denn es gilt hier $\mu \geqq 0$ und $\nu \geqq 0$, wegen des vorhergehenden Satzes ist also der Zusatz damit schon bewiesen.

Ist andererseits A ein Vollideal von $\mathfrak{N}_\mathfrak{a}$, so haben wir nach früheren Überlegungen $A = \frac{Z}{\mathfrak{N}_\mathfrak{a}}$, wo Z die Menge aller in den Quotientendarstellungen der Elemente von A auftretenden Zähler ist. Aus $g(x) \in Z$ folgt $g(x) \in A$, daher $g(x) \circ \frac{u(x)}{v(x)} = g\left(\frac{u(x)}{v(x)}\right) \in A$, also auch $g\big(u(x), v(x)\big)$

$\in A$ und damit $g(u(x), v(x)) \in Z$ für $v(x) \in \mathfrak{N}_\mathfrak{a}$. Daher ist Z ein $\mathfrak{a}$-Vollideal, womit die Behauptung schon bewiesen ist.

Zur Ermittlung aller D-Vollideale von $\mathfrak{N}_\mathfrak{a}$ beweisen wir zunächst:

Ist L ein Ideal von G, so ist die Restklassenzerlegung von $\mathfrak{N}_\mathfrak{a}$ nach $\frac{L}{\mathfrak{N}_\mathfrak{a}}$ dann und nur dann mit der Differentiation kompatibel, wenn gilt:

$$\textit{Aus } \alpha \equiv 0 \textit{ mod } \frac{L}{\mathfrak{N}_\mathfrak{a}} \textit{ folgt stets } \alpha' \equiv 0 \textit{ mod } \frac{L}{\mathfrak{N}_\mathfrak{a}}$$

Bew: Ist die Zerlegung kompatibel, so folgt aus $\alpha \equiv 0$ sogleich $\alpha' \equiv 0$. Ist dies umgekehrt der Fall, so folgt aus $\alpha_1 \equiv \alpha_2$ über $\alpha_1 - \alpha_2 \equiv 0$ die Gültigkeit von $\alpha_1' \equiv \alpha_2'$, also ist die Zerlegung kompatibel.

Wir können nun formulieren folgenden

Satz 9,4: *Man erhält sämtliche D-Vollideale von $\mathfrak{N}_\mathfrak{a}$ genau einmal, wenn man in $\frac{Z}{\mathfrak{N}_\mathfrak{a}}$ das Z sämtliche Ideale von G durchlaufen läßt, welche gleichzeitig $\mathfrak{a}$-Kürzungsideale und $\mathfrak{a}$-Differentialvollideale sind.*

Zusatz: *Ist L ein $\mathfrak{a}$-Differentialvollideal von G, dann ist $\frac{L}{\mathfrak{N}_\mathfrak{a}}$ ein D-Vollideal von $\mathfrak{N}_\mathfrak{a}$.*

Bew: Sei L ein $\mathfrak{a}$-Differentialvollideal von G, dann ist $\frac{L}{\mathfrak{N}_\mathfrak{a}}$ Vollideal von $\mathfrak{N}_\mathfrak{a}$ und es gilt:

$$\text{Aus } \alpha \in \frac{L}{\mathfrak{N}_\mathfrak{a}} \text{ folgt } \alpha = \frac{l(x)}{n(x)} \text{ mit } l(x) \in L \text{ und } n(x) \in \mathfrak{N}_\mathfrak{a},$$

daher $\alpha' = \frac{n(x)\, l'(x) - l(x)\, n'(x)}{n(x)^2} \in \frac{L}{\mathfrak{N}_\mathfrak{a}}$ wegen $l'(x) \in L$, also ist $\frac{L}{\mathfrak{N}_\mathfrak{a}}$ ein D-Vollideal von $\mathfrak{N}_\mathfrak{a}$.

Ist umgekehrt A ein D-Vollideal von $\mathfrak{N}_\mathfrak{a}$, so haben wir wie früher $A = \frac{Z}{\mathfrak{N}_\mathfrak{a}}$. Hier ist Z ein $\mathfrak{a}$-Vollideal und $\mathfrak{a}$-Kürzungsideal. Aus $z(x) \in Z$ folgt $z(x) \in A$, also $z'(x) \in A$, daher $z'(x) \in Z$, also ist Z sogar ein $\mathfrak{a}$-Differentialvollideal.

Damit sind Satz und Zusatz bewiesen.

10. Darstellung von $\mathfrak{K}_\mathfrak{a}$ durch Funktionenstrukturen.

Von nun an sehen wir von der Differentiation ab, betrachten also $\mathfrak{R}_\mathfrak{a}$ als algebraische Struktur mit drei Operationen.

Wir wählen irgendein $\mathfrak{a}$-zulässiges Ideal $\mathfrak{u}$. Mit $\mathfrak{F}_\mathfrak{u}$ bezeichnen wir die Menge aller Funktionen auf $\mathfrak{r}/\mathfrak{u}$ mit Werten in $\mathfrak{r}/\mathfrak{u}$. Auch $\mathfrak{F}_\mathfrak{u}$ ist eine algebraische Struktur mit drei Operationen, nämlich Addition, Multiplikation und Substitution von Funktionen, die wir wieder durch die Zeichen $+$, $\cdot$ und $\circ$ symbolisieren.

Nun definieren wir eine eindeutige Abbildung ϑ von $\mathfrak{R}_\mathfrak{a}$ in $\mathfrak{F}_\mathfrak{u}$ folgendermaßen:

Ist $\alpha \in \mathfrak{R}_\mathfrak{a}$, so wähle man eine Quotientendarstellung $\alpha = \frac{f(x)}{g(x)}$ mit $g(x) \in \mathfrak{R}_\mathfrak{u}$, bezeichne die Restklasse r mod $\mathfrak{u}$ mit $\bar{r}$ und setze

$$\vartheta\, \alpha/\bar{r} = \overline{g(r)}^{\,-1}\, \overline{f(r)} \tag{10,1}$$

Daß die rechte Seite von (10,1) existiert und durch $f(x)$, $g(x)$ und r eindeutig bestimmt ist, ergibt sich aus $g(x) \in \mathfrak{R}_\mathfrak{u}$; offensichtlich bleibt sie bei Übergang zu einem anderen Vertreter von $\bar{r}$ ungeändert. Ist $\alpha = \frac{f_1(x)}{g_1(x)}$ mit $g_1(x) \in \mathfrak{R}_\mathfrak{a}$ eine weitere Quotientendarstellung von α, so haben wir

$$f(x)\, g_1(x) = f_1(x)\, g(x)$$

also

$$\overline{g(r)}^{\,-1}\, \overline{f(r)} = \overline{g_1(r)}^{\,-1}\, \overline{f_1(r)}$$

daher ist die Funktion $\vartheta\alpha$ tatsächlich nur von α abhängig.

Wir zeigen: *ϑ ist eine homomorphe Abbildung von $\mathfrak{R}_\mathfrak{a}$ in $\mathfrak{F}_\mathfrak{u}$*.

Bew: Gegeben seien zwei Elemente $\alpha, \beta \in \mathfrak{R}_\mathfrak{a}$. Wir wählen Quotientendarstellungen $\frac{f(x)}{g(x)}$ und $\frac{u(x)}{v(x)}$ mit $g(x), v(x) \in \mathfrak{R}_\mathfrak{a}$.

Dann ist zunächst $\frac{f(x)\, v(x) + g(x)\, u(x)}{g(x)\, v(x)}$ eine Quotientendarstellung von $\alpha + \beta$ mit Nenner $g(x)\, v(x) \in \mathfrak{R}_\mathfrak{a}$, also haben wir

$$\vartheta(\alpha + \beta)/\bar{r} = \overline{g(r)\, v(r)}^{\,-1}\, \overline{f(r)\, v(r) + g(r)\, u(r)} =$$
$$= \overline{g(r)}^{\,-1}\, \overline{f(r)} + \overline{v(r)}^{\,-1}\, \overline{u(r)} = \vartheta\alpha/\bar{r} + \vartheta\beta/\bar{r} = (\vartheta\alpha + \vartheta\beta)/\bar{r}$$

also

$$\vartheta(\alpha + \beta) = \vartheta\alpha + \vartheta\beta$$

Weiter ist $\dfrac{f(x)\,u(x)}{g(x)\,v(x)}$ eine Quotientendarstellung von $\alpha\,\beta$ mit Nenner $g(x)\,v(x) \in \mathfrak{N}_{\mathfrak{a}}$, also haben wir

$$\vartheta(\alpha\,\beta)/\bar{r} = \overline{g(r)\,v(r)}^{\,-1}\,\overline{f(r)\,u(r)} = \overline{g(r)}^{\,-1}\,\overline{f(r)}\,\overline{v(r)}^{\,-1}\,\overline{u(r)} =$$
$$= (\vartheta\,\alpha/\bar{r})\,(\vartheta\,\beta/\bar{r}) = (\vartheta\,\alpha\,\vartheta\,\beta)/\bar{r}$$

also haben wir $\vartheta(\alpha\,\beta) = \vartheta\,\alpha\,\vartheta\,\beta$.

Schließlich ist, wenn m den Grad von $\dfrac{f(x)}{g(x)}$ bezeichnet, der Quotient

$$\frac{f\left(\dfrac{u(x)}{v(x)}\right) v(x)^m}{g\left(\dfrac{u(x)}{v(x)}\right) v(x)^m} = \frac{\sum a_\nu\, u(x)^\nu\, v(x)^{m-\nu}}{\sum b_\nu\, u(x)^\nu\, v(x)^{m-\nu}}$$

eine Quotientendarstellung von $\alpha \circ \beta$ mit Nenner in $\mathfrak{N}_{\mathfrak{a}}$, also haben wir, wenn ρ ein Vertreter für $\vartheta\,\beta/\bar{r}$ ist,

$$\vartheta(\alpha\circ\beta)/\bar{r} = \overline{\sum b_\nu\, u(r)^\nu\, v(r)^{m-\nu}}^{\,-1}\,\overline{\sum a_\nu\, u(r)^\nu\, v(r)^{m-\nu}} =$$
$$= \left(\sum \bar{b}_\nu\, \overline{u(r)}^{\,\nu}\, \overline{v(r)}^{\,m-\nu}\right)^{-1} \sum \bar{a}_\nu\, \overline{u(r)}^{\,\nu}\, \overline{v(r)}^{\,m-\nu} =$$
$$= \left(\sum \bar{b}_\nu \left(\overline{v(r)}^{\,-1}\,\overline{u(r)}\right)^\nu\right)^{-1} \overline{v(r)}^{\,-m} \left(\sum \bar{a}_\nu \left(\overline{v(r)}^{\,-1}\,\overline{u(r)}\right)^\nu\right) \overline{v(r)}^{\,m} =$$
$$= \left(\sum \bar{b}_\nu\, (\vartheta\,\beta/\bar{r})^\nu\right)^{-1} \sum \bar{a}_\nu\, (\vartheta\,\beta/\bar{r})^\nu =$$
$$= \overline{g(\rho)}^{\,-1}\,\overline{f(\rho)} = \vartheta\,\alpha/\bar{\rho} = \vartheta\,\alpha/(\vartheta\,\beta/\bar{r}) = (\vartheta\,\alpha \circ \vartheta\,\beta)/\bar{r}$$

also haben wir $\vartheta(\alpha\circ\beta) = \vartheta\,\alpha \circ \vartheta\,\beta$.

Die Bilder der Elemente von $\mathfrak{R}_{\mathfrak{a}}$ bei ϑ bezeichnen wir als die „$\mathfrak{a}$-rationalen Funktionen" von $\mathfrak{F}_{\mathfrak{u}}$. Ihre Menge $\mathfrak{S}(\mathfrak{a}, \mathfrak{u})$ ist als homomorphes Bild einer algebraischen Struktur eine Unterstruktur von $\mathfrak{F}_{\mathfrak{u}}$. Bei ϑ wird die Unterstruktur $G \subseteqq \mathfrak{R}_{\mathfrak{a}}$ abgebildet auf eine Unterstruktur $\mathfrak{P}(\mathfrak{u}) \subseteqq \mathfrak{S}(\mathfrak{a}, \mathfrak{u})$; deren Elemente bezeichnen wir als die „Polynome" von $\mathfrak{F}_{\mathfrak{u}}$.

Als homomorphes Bild von $\mathfrak{R}_{\mathfrak{a}}$ ist $\mathfrak{S}(\mathfrak{a}, \mathfrak{u})$ isomorph zur Restklassenstruktur $\mathfrak{R}_{\mathfrak{a}}/A$ nach einem Vollideal $A \subseteqq \mathfrak{R}_{\mathfrak{a}}$. Nach dem Homomorphiesatz besteht dabei A aus allen den Elementen von $\mathfrak{R}_{\mathfrak{a}}$, deren Bild das Nullelement von $\mathfrak{S}(\mathfrak{a}, \mathfrak{u})$, also die Nullfunktion $\bar{0}$ ist. Wenn nun aber für $\alpha = \dfrac{f(x)}{g(x)}$ mit $g(x) \in \mathfrak{N}_{\mathfrak{a}}$ gilt $\vartheta\,\alpha = \bar{0}$, so heißt das

$\overline{g(r)}^{-1}\,\overline{f(r)} = \bar{0}$, also $\overline{f(r)} = \bar{0}$ für jedes r, also $f(x) \in \{\mathfrak{u}\}$ und damit $\alpha \in \frac{\{\mathfrak{u}\}}{\mathfrak{N}_\mathfrak{a}}$; umgekehrt folgt daraus aber sofort $\alpha \in A$. Wir haben somit:

Es gilt die Isomorphiebeziehung $\mathfrak{S}(\mathfrak{a}, \mathfrak{u}) \cong \mathfrak{R}_\mathfrak{a} \Big/ \frac{\{\mathfrak{u}\}}{\mathfrak{N}_\mathfrak{a}}$. *Dann und nur dann gilt* $\vartheta\alpha = \vartheta\beta$, *wenn* $\alpha \equiv \beta$ *mod* $\frac{\{\mathfrak{u}\}}{\mathfrak{N}_\mathfrak{a}}$ *ist.*

11. Die volle Halbgruppe und die volle Gruppe der rationalen Funktionen.

Wir untersuchen nun $\mathfrak{R}_\mathfrak{a} \Big/ \frac{\{\mathfrak{u}\}}{\mathfrak{N}_\mathfrak{a}}$ bzw. das dazu isomorphe $\mathfrak{S}(\mathfrak{a}, \mathfrak{u})$. Den durch ϑ induzierten Isomorphismus von $\mathfrak{R}_\mathfrak{a} \Big/ \frac{\{\mathfrak{u}\}}{\mathfrak{N}_\mathfrak{a}}$ auf $\mathfrak{S}(\mathfrak{a}, \mathfrak{u})$ bezeichnen wir mit η. Die Unterstruktur $\mathfrak{P}(\mathfrak{u}) \subseteq \mathfrak{S}(\mathfrak{a}, \mathfrak{u})$ ist isomorph zur algebraischen Struktur $G/\{\mathfrak{u}\}$, deshalb enthält $\mathfrak{R}_\mathfrak{a} \Big/ \frac{\{\mathfrak{u}\}}{\mathfrak{N}_\mathfrak{a}}$ eine zu $G/\{\mathfrak{u}\}$ isomorphe Unterstruktur.

Wir ziehen nun in $\mathfrak{R}_\mathfrak{a} \Big/ \frac{\{\mathfrak{u}\}}{\mathfrak{N}_\mathfrak{a}}$ nur die Operation Einsetzen in Betracht, $\mathfrak{R}_\mathfrak{a} \Big/ \frac{\{\mathfrak{u}\}}{\mathfrak{N}_\mathfrak{a}}$ ist dann also eine Halbgruppe mit Einheit $\mathfrak{H}(\mathfrak{a}, \mathfrak{u})$. Die invertierbaren Elemente von $\mathfrak{H}(\mathfrak{a}, \mathfrak{u})$ bilden eine Gruppe $\mathfrak{G}(\mathfrak{a}, \mathfrak{u})$. Dieses $\mathfrak{G}(\mathfrak{a}, \mathfrak{u})$ besteht also aus allen Restklassen mod $\frac{\{\mathfrak{u}\}}{\mathfrak{N}_\mathfrak{a}}$, zu deren Vertretern α es ein $\beta \in \mathfrak{R}_\mathfrak{a}$ gibt, so daß

$$\alpha \circ \beta \equiv \beta \circ \alpha \equiv x \mod \frac{\{\mathfrak{u}\}}{\mathfrak{N}_\mathfrak{a}} \tag{11,1}$$

gilt.

Die Bilder der Elemente von $\mathfrak{G}(\mathfrak{a}, \mathfrak{u})$ in $\mathfrak{S}(\mathfrak{a}, \mathfrak{u})$ sind also innerhalb von $\mathfrak{S}(\mathfrak{a}, \mathfrak{u})$ invertierbar bezüglich der Substitution, daher also Permutationen von $\mathfrak{r}/\mathfrak{u}$. Allerdings kann man umgekehrt daraus, daß das Bild eines Elementes von $\mathfrak{H}(\mathfrak{a}, \mathfrak{u})$ in $\mathfrak{S}(\mathfrak{a}, \mathfrak{u})$ eine Permutation ist, noch nicht ohne weiteres folgern, daß dieses Element zu $\mathfrak{G}(\mathfrak{a}, \mathfrak{u})$ gehört, es gilt aber:

Satz 11,1: *Ist* $\mathfrak{r}/\mathfrak{u}$ *endlich, dann gehören genau die Elemente* $F \in \mathfrak{H}(\mathfrak{a}, \mathfrak{u})$ *zu* $\mathfrak{G}(\mathfrak{a}, \mathfrak{u})$, *für welche* ηF *eine Permutation ist.*

Bew: In diesem Fall ist ηF eine Permutation von endlich vielen Elementen, hat also endliche Ordnung, das Inverse von ηF ist also eine Potenz von ηF, also auch Bild eines Elementes von $\mathfrak{H}(\mathfrak{a}, \mathfrak{u})$, daher hat F ein Inverses in $\mathfrak{H}(\mathfrak{a}, \mathfrak{u})$, gehört also zu $\mathfrak{G}(\mathfrak{a}, \mathfrak{u})$.

Wir können also sagen: *Ist* $\mathfrak{r}/\mathfrak{u}$ *endlich, dann ist* $\mathfrak{G}(\mathfrak{a}, \mathfrak{u})$ *isomorph zu der Gruppe aller* $\mathfrak{a}$*-rationalen Funktionen in der symmetrischen Gruppe* $\mathfrak{S}_{\mathfrak{r}/\mathfrak{u}}$.

Wir bezeichnen die durch das Bild von $\mathfrak{P}(\mathfrak{u})$ bei η^{-1} in bezug auf die Operation Einsetzen gebildete Halbgruppe mit $\mathfrak{H}(\mathfrak{u})$. Dieses $\mathfrak{H}(\mathfrak{u})$ besteht aus allen Elementen von $\mathfrak{H}(\mathfrak{a}, \mathfrak{u})$, die ein Polynom als Vertreter haben, und ist natürlich Unterhalbgrupe von $\mathfrak{H}(\mathfrak{a}, \mathfrak{u})$, welche die Einheit von $\mathfrak{H}(\mathfrak{a}, \mathfrak{u})$ enthält. Die aus den in $\mathfrak{H}(\mathfrak{u})$ invertierbaren Elementen von $\mathfrak{H}(\mathfrak{u})$ bestehende Gruppe bezeichnen wir mit $\mathfrak{G}(\mathfrak{u})$, es ist dann natürlich $\mathfrak{G}(\mathfrak{u})$ eine Untergruppe von $\mathfrak{G}(\mathfrak{a}, \mathfrak{u})$; sie ist isomorph zur Gruppe der invertierbaren Elemente von dem als Halbgruppe mit der Operation Einsetzen aufgefaßten $G/\{\mathfrak{u}\}$.

Auf jeden Fall gilt

$$\mathfrak{G}(\mathfrak{u}) \subseteq \mathfrak{G}(\mathfrak{a}, \mathfrak{u}) \cap \mathfrak{H}(\mathfrak{u}) \tag{11,2}$$

Ist $\mathfrak{r}/\mathfrak{u}$ endlich, dann gilt in (11,2) sicher $=$ statt $\subseteq$; denn in diesem Fall gilt für des Inverse G eines Elementes $F \in \mathfrak{G}(\mathfrak{a}, \mathfrak{u}) \cap \mathfrak{H}(\mathfrak{u})$ die Beziehung $G = F^n$, also $G \in \mathfrak{H}(\mathfrak{u})$ und daher $F \in \mathfrak{G}(\mathfrak{u})$.

Wir wollen nun eine Aussage darüber ableiten, wie $\mathfrak{H}(\mathfrak{a}, \mathfrak{u})$ und $\mathfrak{G}(\mathfrak{a}, \mathfrak{u})$ von $\mathfrak{a}$ abhängen:

Gegeben seien die Ideale $\mathfrak{a}, \mathfrak{b}, \mathfrak{u}$ aus $\mathfrak{r}$ mit $\mathfrak{N}_\mathfrak{a} \subseteq \mathfrak{N}_\mathfrak{b} \subseteq \mathfrak{N}_\mathfrak{u}$. Wir haben dann $\mathfrak{N}_\mathfrak{a} \subseteq \mathfrak{N}_\mathfrak{b}$ und $\frac{\{\mathfrak{u}\}}{\mathfrak{N}_\mathfrak{a}} \subseteq \frac{\{\mathfrak{u}\}}{\mathfrak{N}_\mathfrak{b}}$. Mit $\mathfrak{T}$ bezeichnen wir die Menge aller Elemente von $\mathfrak{N}_\mathfrak{b} \Big/ \frac{\{\mathfrak{u}\}}{\mathfrak{N}_\mathfrak{b}}$, welche einen Vertreter aus $\mathfrak{N}_\mathfrak{a}$ enthalten. Dieses $\mathfrak{T}$ ist offensichtlich eine Unterstruktur von $\mathfrak{N}_\mathfrak{b} \Big/ \frac{\{\mathfrak{u}\}}{\mathfrak{N}_\mathfrak{b}}$. Ist $T \in \mathfrak{T}$ und $\alpha \in \mathfrak{N}_\mathfrak{a}$ ein Vertreter für T, so setzen wir

$$\tau T = \bar{\alpha} \in \mathfrak{N}_\mathfrak{a} \Big/ \frac{\{\mathfrak{u}\}}{\mathfrak{N}_\mathfrak{a}} \tag{11,3}$$

Für diese Abbildung τ gilt:

1. τT ist durch T eindeutig bestimmt: Denn ist auch $\beta \in \mathfrak{R}_{\mathfrak{a}}$ Vertreter für T, so haben wir $\alpha - \beta \in \mathfrak{R}_{\mathfrak{a}} \cap \frac{\{\mathfrak{u}\}}{\mathfrak{N}_{\mathfrak{b}}}$, also gilt

$$\alpha - \beta = \frac{u(x)}{n_b(x)} = \frac{v(x)}{n_a(x)} \text{ mit } u(x) \in \{\mathfrak{u}\},\ n_a(x) \in \mathfrak{N}_{\mathfrak{a}},\ n_b(x) \in \mathfrak{N}_{\mathfrak{b}}$$

daraus folgt $n_b(x)\, v(x) \in \{\mathfrak{u}\}$, nach 4 also $v(x) \in \{\mathfrak{u}\}$ und daher gilt $\overline{\alpha} = \overline{\beta}$.

2. τ ist umkehrbar eindeutig: Denn aus $\tau T_1 = \tau T_2$ folgt für zwei Vertreter $\alpha_1, \alpha_2 \in \mathfrak{R}_{\mathfrak{a}}$ von T_1 und T_2 sogleich $\alpha_1 - \alpha_2 \in \frac{\{\mathfrak{u}\}}{\mathfrak{N}_{\mathfrak{a}}} \subseteq \frac{\{\mathfrak{u}\}}{\mathfrak{N}_{\mathfrak{b}}}$, also $T_1 = T_2$.

3. τ bildet $\mathfrak{T}$ auf $\mathfrak{R}_{\mathfrak{a}} \Big/ \frac{\{\mathfrak{u}\}}{\mathfrak{N}_{\mathfrak{a}}}$ ab: Das ist klar wegen $\mathfrak{R}_{\mathfrak{a}} \subseteq \mathfrak{R}_{\mathfrak{b}}$.

4. τ ist ein Isomorphismus: Das ist auch sofort einzusehen.

Die Umkehrabbildung φ von τ ist ein Isomorphismus von $\mathfrak{R}_{\mathfrak{a}} \Big/ \frac{\{\mathfrak{u}\}}{\mathfrak{N}_{\mathfrak{a}}}$ in $\mathfrak{R}_{\mathfrak{b}} \Big/ \frac{\{\mathfrak{u}\}}{\mathfrak{N}_{\mathfrak{b}}}$, also auch ein Isomorphismus von $\mathfrak{H}(\mathfrak{a}, \mathfrak{u})$ in $\mathfrak{H}(\mathfrak{b}, \mathfrak{u})$. Da für die Einheiten $E_{\mathfrak{a}}$ und $E_{\mathfrak{b}}$ der beiden Halbgruppen gilt $\varphi E_{\mathfrak{a}} = E_{\mathfrak{b}}$, haben wir $\varphi\, \mathfrak{G}(\mathfrak{a}, \mathfrak{u}) \subseteq \mathfrak{G}(\mathfrak{b}, \mathfrak{u})$. Wir können also sagen:

Aus $\mathfrak{N}_{\mathfrak{a}} \subseteq \mathfrak{N}_{\mathfrak{b}} \subseteq \mathfrak{N}_{\mathfrak{u}}$ *folgt* $\mathfrak{H}(\mathfrak{a}, \mathfrak{u}) \subseteq \mathfrak{H}(\mathfrak{b}, \mathfrak{u})$ *sowie auch* $\mathfrak{G}(\mathfrak{a}, \mathfrak{u}) \subseteq \mathfrak{G}(\mathfrak{b}, \mathfrak{u})$, *falls isomorphe Gruppen als gleich betrachtet werden.*

12. Darstellbarkeit der rationalen Funktionen durch Polynome.

Wir wollen nun untersuchen, wann die Gleichungen

$$\mathfrak{H}(\mathfrak{u}) = \mathfrak{H}(\mathfrak{a}, \mathfrak{u}) \qquad \mathfrak{G}(\mathfrak{u}) = \mathfrak{G}(\mathfrak{a}, \mathfrak{u}) \tag{12,1}$$

gelten. In unserer Bezeichnungsweise ist die Gültigkeit der ersten Beziehung gleichbedeutend mit der der Aussage: Jede $\mathfrak{a}$-rationale Funktion von $\mathfrak{F}_{\mathfrak{u}}$ ist ein Polynom.

Zunächst überlegen wir uns, daß aus der Gültigkeit der ersten Gleichung von (12, 1) die der zweiten folgt: Denn $\mathfrak{H}(\mathfrak{u}) = \mathfrak{H}(\mathfrak{a}, \mathfrak{u})$ heißt ja, daß jedes Element von $\mathfrak{H}(\mathfrak{a}, \mathfrak{u})$ ein Polynom als Vertreter hat, insbesondere hat daher jedes Element von $\mathfrak{G}(\mathfrak{a}, \mathfrak{u})$ und sein Inverses einen Polynomvertreter, daher gilt auch $\mathfrak{G}(\mathfrak{u}) = \mathfrak{G}(\mathfrak{a}, \mathfrak{u})$.

Es ist $\mathfrak{H}(\mathfrak{u}) = \mathfrak{H}(\mathfrak{a}, \mathfrak{u})$ gleichbedeutend damit, daß die Kongruenz

$$\frac{w(x)}{v(x)} \equiv \alpha(x) \bmod \frac{\{\mathfrak{u}\}}{\mathfrak{N}_{\mathfrak{a}}} \tag{12,2}$$

für $w(x) \in \mathfrak{r}[x]$ und $v(x) \in \mathfrak{N}_{\mathfrak{a}}$ stets durch ein Polynom $\alpha(x)$ lösbar ist. Das wieder ist gleichbedeutend mit der Lösbarkeit von

$$v(x)\,\alpha(x) - w(x) \equiv 0 \bmod \{\mathfrak{u}\} \tag{12,3}$$

Die Lösbarkeit von (12,3) für $w(x) \in \mathfrak{r}[x]$ und $v(x) \in \mathfrak{N}_{\mathfrak{a}}$ ist also notwendig und hinreichend für die Gültigkeit von (12,1).

Wir beweisen nun folgenden

Satz 12,1: *Ist* $\mathfrak{r}$ *ein NT-Ring und* $\mathfrak{r}/\mathfrak{u}$ *endlich, so gilt* (12,1) *für jedes Ideal* $\mathfrak{a}$ *mit* $\mathfrak{N}_{\mathfrak{u}} \supseteqq \mathfrak{N}_{\mathfrak{a}}$.

Beweis: Zunächst sei $\mathfrak{u} \neq \mathfrak{r}$, $\neq (0)$. Dann haben wir

$$\mathfrak{u} = \prod_{i=1}^{r} \mathfrak{q}_i$$

wobei die $\mathfrak{q}_i$ paarweise teilerfremde Primärideale $\neq \mathfrak{r}$ sind, deren zugehörige Primideale wir mit $\mathfrak{p}_i$ bezeichnen. Dabei gilt stets $\mathfrak{p}_i \neq (0)$, $\neq \mathfrak{r}$ und alle $\mathfrak{r}/\mathfrak{p}_i$ sind endlich, daher Galoisfelder.

Wir lösen zunächst die Kongruenzen

$$v(x)\,\alpha(x) - w(x) \equiv 0 \bmod \{\mathfrak{p}_i\} \tag{12,4}$$

Das ist wirklich möglich: Denn es ist $v(x) \in \mathfrak{N}_{\mathfrak{a}} \subseteqq \mathfrak{N}_{\mathfrak{u}} \subseteqq \mathfrak{N}_{\mathfrak{p}_i}$, also $v(r)$ invertierbar mod $\mathfrak{p}_i$ für jedes $r \in \mathfrak{r}$. Wir konstruieren nun ein Polynom $\bar{\alpha}(x)$ über $\mathfrak{r}/\mathfrak{p}_i$ so, daß gilt $\bar{\alpha}(\bar{r}) = \overline{v(r)}^{-1}\,\overline{w(r)}$ für jedes $r \in \mathfrak{r}/\mathfrak{p}_i$, was wegen der Endlichkeit von $\mathfrak{r}/\mathfrak{p}_i$ durchführbar ist. Ersetzen wir nun in $\bar{\alpha}(x)$ jeden Koeffizienten durch einen seiner Vertreter aus $\mathfrak{r}$, so erhalten wir ein Polynom $\alpha(x) \in \mathfrak{r}[x]$, für welches gilt

$$\overline{\alpha(r)} = \bar{\alpha}(\bar{r}) = \overline{v(r)}^{-1}\,\overline{w(r)}$$

also

$$v(x)\,\alpha(x) - w(x) \equiv 0 \bmod \{\mathfrak{p}_i\}$$

Nun lösen wir die Kongruenzen

$$v(x)\,\alpha(x) - w(x) \equiv 0 \mod \{\mathfrak{q}_i\} \tag{12,5}$$

Zu diesem Zweck bestimmen wir zunächst eine natürliche Zahl e_i mit $\mathfrak{p}_i^{e_i} \subseteqq \mathfrak{q}_i$. (12,5) wird dann erfüllt durch eine Lösung $\alpha(x)$ von

$$v(x)\,\alpha(x) - w(x) \equiv 0 \mod \{\mathfrak{p}_i^{e_i}\}$$

Um diese Kongruenz zu lösen, nehmen wir eine Lösung $\beta(x)$ von (12,4), die erfüllt also auch

$$w(x) - v(x)\,\beta(x) \in \{\mathfrak{p}_i\} \tag{12,6}$$

Weiter suchen wir eine Lösung $\gamma(x)$ von $v(x)\,\gamma(x) - 1 \equiv 0 \mod \{\mathfrak{p}_i\}$. Als Spezialfall von (12,4) ist ja auch diese Kongruenz lösbar. Diese Lösung erfüllt dann

$$1 - v(x)\,\gamma(x) \in \{\mathfrak{p}_i\}$$

und daher

$$(1 - v(x)\,\gamma(x))^{e_i - 1} \in \{\mathfrak{p}_i\}^{e_i - 1} \subseteqq \{\mathfrak{p}_i^{e_i - 1}\} \tag{12,7}$$

Entwickelt man die linke Seite von (12,7), so erhält man

$$1 - v(x)\,\delta(x) \in \{\mathfrak{p}_i^{e_i - 1}\} \quad \text{mit } \delta(x) \in \mathfrak{r}[x]$$

Multipliziert man das mit (12,6), so ergibt sich

$$w(x) - v(x)\,\alpha(x) \in \{\mathfrak{p}_i^{e_i}\}$$

also

$$v(x)\,\alpha(x) - w(x) \equiv 0 \mod \{\mathfrak{p}_i^{e_i}\}$$

Um nun (12,3) zu lösen, bestimmen wir Lösungen $\alpha_i(x)$ von (12,5) für $i = 1,2 \ldots r$. Dann bestimmen wir $\alpha(x)$ aus dem Kongruenzsystem

$$\alpha(x) \equiv \alpha_i(x) \mod \{\mathfrak{q}_i\} \quad i = 1,2 \ldots r$$

Da die $\mathfrak{q}_i$ paarweise teilerfremd sind, sind auch die $\{\mathfrak{q}_i\}$ paarweise teilerfremd, das System daher lösbar. Für $\alpha(x)$ haben wir

$$v(x)\,\alpha(x) - w(x) \equiv v(x)\,\alpha_i(x) - w(x) \equiv 0 \mod \{\mathfrak{q}_i\} \quad \text{für } i = 1,2 \ldots r$$

also

$$v(x)\,\alpha(x) - w(x) \equiv 0 \mod \bigcap_{i=1}^{r} \{\mathfrak{q}_i\}$$

also

$$v(x)\,\alpha(x) - w(x) \equiv 0 \mod \{\mathfrak{u}\}$$

Für $\mathfrak{u} = \mathfrak{r}$ ist der Satz in trivialer Weise richtig, denn hier ist ja jedes $\alpha(x)$ Lösung von (12,3). Für $\mathfrak{u} = (0)$ folgt aus der Endlichkeit von $\mathfrak{r}/\mathfrak{u}$, daß $\mathfrak{r}$ Körper ist; es gilt daher auch $\mathfrak{a} = (0)$, daher ist (12,3) stets lösbar.

Weiter beweisen wir folgenden

Satz 12,2: *Hat $\mathfrak{r}$ endlich viele Einheiten, so gilt*

$$\mathfrak{H}\big((0)\big) = \mathfrak{H}\big(\mathfrak{a}, (0)\big) \tag{12,8}$$

für jedes Ideal $\mathfrak{a}$ mit $\mathfrak{R}_{(0)} \supseteqq \mathfrak{R}_{\mathfrak{a}}$.

Bew: Wegen $\mathfrak{R}_{(0)} \subseteqq \mathfrak{R}_{\mathfrak{a}}$ haben wir $\mathfrak{R}_{(0)} = \mathfrak{R}_{\mathfrak{a}}$ und daher gilt $\mathfrak{H}\big(\mathfrak{a}, (0)\big) = \mathfrak{H}\big((0), (0)\big)$. (12,8) ist also gleichbedeutend mit $\mathfrak{H}\big((0), (0)\big) = \mathfrak{H}\big((0)\big)$. Falls $\mathfrak{r}$ endlich viele Elemente hat, ist es ein Körper, daher ist (12,3) mit $\mathfrak{a} = \mathfrak{u} = (0)$ stets lösbar, also $\mathfrak{H}\big((0), (0)\big) = \mathfrak{H}\big((0)\big)$ richtig. Hat aber $\mathfrak{r}$ unendlich viele Elemente, so folgt aus $v(x) \in \mathfrak{R}_{(0)}$, daß gilt $v(r) = \varepsilon$, eine feste Einheit, für unendlich viele $r \in \mathfrak{r}$, also gilt $v(x) = \varepsilon$, also ist wieder (12,3) mit $\mathfrak{a} = \mathfrak{u} = (0)$ stets lösbar, also $\mathfrak{H}\big((0), (0)\big) = \mathfrak{H}\big((0)\big)$ richtig,

Aus diesen beiden Sätzen folgt: *Ist $\mathfrak{r}$ der Integritätsbereich der ganzen rationalen Zahlen, so gilt stets $\mathfrak{H}(\mathfrak{u}) = \mathfrak{H}(\mathfrak{a}, \mathfrak{u})$ und $\mathfrak{G}(\mathfrak{u}) = \mathfrak{G}(\mathfrak{a}, \mathfrak{u})$.*

13. Invertierbarkeitskriterien.

Wir wollen uns nun beschäftigen mit der Herleitung von Kriterien, mit deren Hilfe man erkennt, ob eine gegebene rationale Funktion $\frac{f(x)}{g(x)} \in \mathfrak{R}_{\mathfrak{a}}$ ein Element von $\mathfrak{G}(\mathfrak{a}, \mathfrak{u})$ repräsentiert, wenn $\mathfrak{u}$ ein $\mathfrak{a}$-zulässiges Ideal ist. Zunächst beweisen wir

Satz 13,1: *Ist $\mathfrak{u} = \mathfrak{v}\mathfrak{w}$ mit $(\mathfrak{v}, \mathfrak{w}) = \mathfrak{r}$, dann ist für $\overline{\frac{f(x)}{g(x)}} \in \mathfrak{G}(\mathfrak{a}, \mathfrak{u})$ notwendig und hinreichend das Bestehen von*

$$\overline{\frac{f(x)}{g(x)}} \in \mathfrak{G}(\mathfrak{a}, \mathfrak{v}) \qquad \overline{\frac{f(x)}{g(x)}} \in \mathfrak{G}(\mathfrak{a}, \mathfrak{w}). \tag{13,1}$$

(Dabei bedeutet der Strich über einem Element von $\mathfrak{R}_{\mathfrak{a}}$ jeweils die durch dieses Element vertretene Restklasse).

Bew: Aus der $\mathfrak{a}$-Zulässigkeit von $\mathfrak{u}$ folgt die $\mathfrak{a}$-Zulässigkeit von $\mathfrak{v}$ und $\mathfrak{w}$ und umgekehrt wegen 2,5.

Daß aus $\overline{\frac{f(x)}{g(x)}} \in \mathfrak{G}(\mathfrak{a}, \mathfrak{u})$ die Beziehungen (13,1) folgen, ergibt sich sofort aus $\{\mathfrak{u}\} \subseteqq \{\mathfrak{v}\}$ bzw. $\{\mathfrak{u}\} \subseteqq \{\mathfrak{w}\}$.

Nun sei umgekehrt (13,1) erfüllt. Es gibt dann in $\mathfrak{R}_\mathfrak{a}$ Elemente $\frac{\alpha(x)}{\beta(x)}$ bzw. $\frac{\gamma(x)}{\delta(x)}$ mit $\beta(x), \delta(x) \in \mathfrak{N}_\mathfrak{a}$, so daß gilt

$$\frac{f(x)}{g(x)} \circ \frac{\alpha(x)}{\beta(x)} \equiv x \bmod \frac{\{\mathfrak{v}\}}{\mathfrak{N}_\mathfrak{a}} \qquad \frac{f(x)}{g(x)} \circ \frac{\gamma(x)}{\delta(x)} \equiv x \bmod \frac{\{\mathfrak{w}\}}{\mathfrak{N}_\mathfrak{a}}$$

$$\frac{\alpha(x)}{\beta(x)} \circ \frac{f(x)}{g(x)} \equiv x \bmod \frac{\{\mathfrak{v}\}}{\mathfrak{N}_\mathfrak{a}} \qquad \frac{\gamma(x)}{\delta(x)} \circ \frac{f(x)}{g(x)} \equiv x \bmod \frac{\{\mathfrak{w}\}}{\mathfrak{N}_\mathfrak{a}}$$

Wir bestimmen nun das Polynom $\eta(x)$ aus dem Kongruenzsystem

$$\eta(x) \equiv \alpha(x)\,\delta(x) \bmod \{\mathfrak{v}\}$$
$$\eta(x) \equiv \gamma(x)\,\beta(x) \bmod \{\mathfrak{w}\}$$

was wegen $(\mathfrak{v}, \mathfrak{w}) = \mathfrak{r}$ möglich ist. Dann gilt für $\frac{\eta(x)}{\beta(x)\,\delta(x)} \in \mathfrak{R}_\mathfrak{a}$

$$\frac{\eta(x)}{\beta(x)\,\delta(x)} \equiv \frac{\alpha(x)}{\beta(x)} \bmod \frac{\{\mathfrak{v}\}}{\mathfrak{N}_\mathfrak{a}} \qquad \frac{\eta(x)}{\beta(x)\,\delta(x)} \equiv \frac{\gamma(x)}{\delta(x)} \bmod \frac{\{\mathfrak{w}\}}{\mathfrak{N}_\mathfrak{a}}$$

also haben wir

$$\frac{f(x)}{g(x)} \circ \frac{\eta(x)}{\beta(x)\,\delta(x)} \equiv x \bmod \frac{\{\mathfrak{v}\}}{\mathfrak{N}_\mathfrak{a}} \cap \frac{\{\mathfrak{w}\}}{\mathfrak{N}_\mathfrak{a}}$$

$$\frac{\eta(x)}{\beta(x)\,\delta(x)} \circ \frac{f(x)}{g(x)} \equiv x \bmod \frac{\{\mathfrak{v}\}}{\mathfrak{N}_\mathfrak{a}} \cap \frac{\{\mathfrak{w}\}}{\mathfrak{N}_\mathfrak{a}}$$

Nun gilt aber einerseits $\frac{\{\mathfrak{v} \cap \mathfrak{w}\}}{\mathfrak{N}_\mathfrak{a}} \subseteqq \frac{\{\mathfrak{v}\}}{\mathfrak{N}_\mathfrak{a}} \cap \frac{\{\mathfrak{w}\}}{\mathfrak{N}_\mathfrak{a}}$; andererseits folgt aus $\alpha \in \frac{\{\mathfrak{v}\}}{\mathfrak{N}_\mathfrak{a}} \cap \frac{\{\mathfrak{w}\}}{\mathfrak{N}_\mathfrak{a}}$, daß gilt $\alpha = \frac{v(x)}{n_1(x)} = \frac{w(x)}{n_2(x)}$ mit $n_1(x), n_2(x) \in \mathfrak{N}_\mathfrak{a}$ und $v(x) \in \{\mathfrak{v}\}$, $w(x) \in \{\mathfrak{w}\}$, also haben wir $v(x)\,n_2(x) = w(x)\,n_1(x) \in \{\mathfrak{w}\}$, also $v(x) \in \{\mathfrak{w}\}$, daher gilt $v(x) \in \{\mathfrak{v} \cap \mathfrak{w}\}$; wir haben also auch $\frac{\{\mathfrak{v}\}}{\mathfrak{N}_\mathfrak{a}} \cap \frac{\{\mathfrak{w}\}}{\mathfrak{N}_\mathfrak{a}} \subseteqq \frac{\{\mathfrak{v} \cap \mathfrak{w}\}}{\mathfrak{N}_\mathfrak{a}}$.

Also gilt $\frac{\{\mathfrak{v}\}}{\mathfrak{N}_\mathfrak{a}} \cap \frac{\{\mathfrak{w}\}}{\mathfrak{N}_\mathfrak{a}} = \frac{\{\mathfrak{u}\}}{\mathfrak{N}_\mathfrak{a}}$ und wir haben wirklich $\overline{\frac{f(x)}{g(x)}} \in \mathfrak{G}(\mathfrak{a}, \mathfrak{u})$.

Als Folgerung aus dem soeben bewiesenen Satz erhalten wir: Es sei $\alpha \in \mathfrak{R}_\mathfrak{a}$ und $\mathfrak{u}$ ein $\mathfrak{a}$-zulässiges Ideal mit $\mathfrak{u} = \mathfrak{v}\mathfrak{w}$, wobei $(\mathfrak{v}, \mathfrak{w}) = \mathfrak{r}$

gilt, und endlichem $\mathfrak{r}/\mathfrak{u}$; weiter sei $\vartheta_{\mathfrak{u}}$, $\vartheta_{\mathfrak{v}}$, $\vartheta_{\mathfrak{w}}$ die in 10 betrachtete Abbildung für die Ideale $\mathfrak{u}, \mathfrak{v}, \mathfrak{w}$. Es ist dann $\vartheta_{\mathfrak{u}}\,\alpha$ dann und nur dann eine Permutation, wenn $\vartheta_{\mathfrak{v}}\,\alpha$ und $\vartheta_{\mathfrak{w}}\,\alpha$ Permutationen sind.

Die Richtigkeit dieser Aussage ergibt sich sogleich aus Satz 13,1 unter Beachtung von Satz 11,1.

Nun wollen wir den Fall untersuchen, daß $\mathfrak{u}$ ein Primärideal ist. Zunächst beweisen wir folgenden

Hilfssatz: *Es sei* $\mathfrak{q}$ *ein Primärideal von* $\mathfrak{r}$ *mit dem zugehörigen Primideal* $\mathfrak{p}$, *für welches gilt* $\mathfrak{q} \subset \mathfrak{p}$. *Dann folgt aus* $F(x) \in \{\mathfrak{q}\}$ *stets* $F'(x) \in \{\mathfrak{p}\}$.

Beweis: Für beliebiges $r \in \mathfrak{r}$ gilt $F(r + x) = F(r) + F'(r)\,x + F_2(r)\,x^2 + \ldots + F_m(r)\,x^m \in \{\mathfrak{q}\}$, wobei die $F_i(r)$ Polynome in r sind, wegen $F(r) \in \{\mathfrak{q}\}$ haben wir also

$$x\left(F'(r) + F_2(r)\,x + \ldots + F_m(r)\,x^{m-1}\right) \in \{\mathfrak{q}\} \tag{13,2}$$

Wir wählen nun ein Element $a \in \mathfrak{p}$ mit $a \notin \mathfrak{q}$ und setzen es in (13,2) ein, da ergibt sich

$$a\left(F'(r) + F_2(r)\,a + \ldots + F_m(r)\,a^{m-1}\right) \equiv 0 \bmod \mathfrak{q} \qquad a \not\equiv 0 \bmod \mathfrak{q}$$

also gilt

$$F'(r) + F_2(r)\,a + \ldots + F_m(r)\,a^{m-1} \equiv 0 \bmod \mathfrak{p}$$

also $F'(r) \equiv 0 \bmod \mathfrak{p}$, das heißt $F'(x) \in \{\mathfrak{p}\}$.

Diesen Hilfssatz benötigen wir zum Beweis von folgendem

Satz 13,2: *Ist* $\dfrac{f(x)}{g(x)} \in \mathfrak{R}_{\mathfrak{a}}$ *mit* $g(x) \in \mathfrak{N}_{\mathfrak{a}}$, *ist weiter* $\mathfrak{q}$ *ein* $\mathfrak{a}$*-zulässiges Primärideal mit zugehörigem Primideal* $\mathfrak{p}$, *für welches gilt* $\mathfrak{q} \subset \mathfrak{p}$, *so gilt nur dann* $\overline{\dfrac{f(x)}{g(x)}} \in \mathfrak{G}(\mathfrak{a}, \mathfrak{q})$, *wenn folgende Bedingungen erfüllt sind:*

$$\overline{\frac{f(x)}{g(x)}} \in \mathfrak{G}(\mathfrak{a}, \mathfrak{p}) \qquad g(x)\,f'(x) - f(x)\,g'(x) \in \mathfrak{N}_{\mathfrak{p}} \tag{13,3}$$

Beweis: Aus $\overline{\dfrac{f(x)}{g(x)}} \in \mathfrak{G}(\mathfrak{a}, \mathfrak{q})$ folgt die Existenz eines $\beta \in \mathfrak{R}_{\mathfrak{a}}$ mit

$$\frac{f(x)}{g(x)} \circ \beta \equiv x \bmod \frac{\{\mathfrak{q}\}}{\mathfrak{N}_{\mathfrak{a}}} \qquad \beta \circ \frac{f(x)}{g(x)} \equiv x \bmod \frac{\{\mathfrak{q}\}}{\mathfrak{N}_{\mathfrak{a}}} \tag{13,4}$$

woraus sich zunächst sofort $\overline{\dfrac{f(x)}{g(x)}} \in \mathfrak{G}(\mathfrak{a}, \mathfrak{p})$ ergibt. Die zweite Gleichung von (13,4) können wir auch folgendermaßen schreiben:

$$\left(\beta \circ \frac{f(x)}{g(x)}\right) - x = \frac{q(x)}{n(x)} \qquad q(x) \in \{\mathfrak{q}\} \qquad n(x) \in \mathfrak{N}_{\mathfrak{a}}.$$

Daraus ergibt sich durch Differentiation

$$\left(\beta' \circ \frac{f(x)}{g(x)}\right) \frac{g(x) f'(x) - f(x) g'(x)}{g(x)^2} - 1 = \frac{n(x) q'(x) - q(x) n'(x)}{n(x)^2}$$

also, wenn man bedenkt, daß der Zähler $p(x)$ der rechten Seite nach dem Hilfssatz zu $\{\mathfrak{p}\}$ gehört und für den ersten Faktor der linken Seite $\frac{s(x)}{t(x)}$ mit $t(x) \in \mathfrak{N}_{\mathfrak{a}}$ schreibt:

$$\frac{s(x)}{t(x)} \cdot \frac{g(x) f'(x) - f(x) g'(x)}{g(x)^2} - 1 = \frac{p(x)}{n(x)^2},$$

daraus ergibt sich durch Wegschaffen der Nenner

$$s(x)\, n(x)^2 \big(g(x) f'(x) - f(x) g'(x)\big) - n(x)^2 t(x) g(x)^2 \in \{\mathfrak{p}\},$$

also für jedes $r \in \mathfrak{r}$

$$s(r)\, n(r)^2 \big(g(r) f'(r) - f(r) g'(r)\big) - n(r)^2 t(r) g(r)^2 \equiv 0 \bmod \mathfrak{p}$$

wegen $\mathfrak{N}_{\mathfrak{a}} \subseteq \mathfrak{N}_{\mathfrak{p}}$ also

$$\overline{s(r)}\, \overline{t(r)}^{-1}\, \overline{g(r)}^{-2}\, \overline{g(r) f'(r) - f(r) g'(r)} = 1$$

in $\mathfrak{r}/\mathfrak{p}$, also

$$g(x) f'(x) - f(x) g'(x) \in \mathfrak{N}_{\mathfrak{p}}.$$

Eng verwandt mit dem vorhergehenden Satz ist

Satz 13,2 a: *Ist $\mathfrak{q}$ ein Primärideal mit zugehörigem Primideal $\mathfrak{p}$ und $\mathfrak{q} \subset \mathfrak{p}$, so repräsentiert das Polynom $f(x) \in \mathfrak{r}[x]$ nur dann ein Element der Gruppe der invertierbaren Elemente von $\mathfrak{r}[x]/\{\mathfrak{q}\}$ bezüglich des Einsetzens, wenn gilt: $f(x)$ repräsentiert ein invertierbares Element von $\mathfrak{r}[x]/\{\mathfrak{p}\}$, $f'(x) \in \mathfrak{N}_{\mathfrak{p}}$*

Bew: Die erste Bedingung ist direkt sofort zu verifizieren, die zweite erhält man durch Anwendung des vorhergehenden Satzes mit $\mathfrak{a} = \mathfrak{q}$.

Nun wollen wir untersuchen, inwieweit die Bedingungen (13,3) auch hinreichend dafür sind, daß gilt $\overline{\frac{f(x)}{g(x)}} \in \mathfrak{G}(\mathfrak{a}, \mathfrak{q})$. Zunächst beweisen wir folgenden

Satz 13,3: *Es sei* $\mathfrak{r}$ *noethersch und* $\mathfrak{p}$ *sei ein Primideal von* $\mathfrak{r}$. *Für den Quotienten* $\frac{f(x)}{g(x)} \in \mathfrak{R}_\mathfrak{p}$ *mit* $g(x) \in \mathfrak{N}_\mathfrak{p}$ *möge gelten:*

$\vartheta_\mathfrak{p} \frac{f(x)}{g(x)}$ *ist eine Permutation,* $g(x) f'(x) - f(x) g'(x) \in \mathfrak{N}_\mathfrak{p}$ (13,5).

Dann ist auch $\vartheta_{\mathfrak{p}^e} \frac{f(x)}{g(x)}$ *für jedes* $e \geqq 1$ *eine Permutation.*

Beweis: Nach 2,7 ist $\mathfrak{p}^e$ ein $\mathfrak{p}$-zulässiges Ideal. Daher kann man die Abbildung $\vartheta_{\mathfrak{p}^e}$ bilden. Daß $\vartheta_{\mathfrak{p}^e} \frac{f(x)}{g(x)}$ eine Permutation ist, beweisen wir durch vollständige Induktion. Für $e = 1$ ist die Behauptung richtig, es sei daher für $e > 1$ schon nachgewiesen, daß $\vartheta_{\mathfrak{p}^{e-1}} \frac{f(x)}{g(x)}$ eine Permutation ist. Nach Definition von ϑ in 10 heißt das folgendes:

Die Gleichung in $\mathfrak{r}/\mathfrak{p}^{e-1}$

$$\overline{g(r)}^{-1}\, \overline{f(r)} = \overline{\lambda} \tag{13,6}$$

hat für jedes $\lambda \in \mathfrak{r}$ genau eine Lösung r mod $\mathfrak{p}^{e-1}$. Gleichbedeutend damit ist, daß die Kongruenz

$$f(x) - \lambda g(x) \equiv 0 \mod \mathfrak{p}^{e-1} \tag{13,7}$$

für jedes $\lambda \in \mathfrak{r}$ genau eine Lösung mod $\mathfrak{p}^{e-1}$ hat.

Es sei also σ eine feste Lösung von (13,7) und ξ eine Lösung von

$$f(x) - \lambda g(x) \equiv 0 \mod \mathfrak{p}^e \tag{13,8}$$

dann gilt $\xi \equiv \sigma$ mod $\mathfrak{p}^{e-1}$, also $\xi = \sigma + \pi$ mit $\pi \in \mathfrak{p}^{e-1}$. Wir haben

$$f(\xi) - \lambda g(\xi) = f(\sigma + \pi) - \lambda g(\sigma + \pi) \equiv 0 \mod \mathfrak{p}^e$$

wegen $\pi^2 \in \mathfrak{p}^{2e-2} \subseteqq \mathfrak{p}^e$ erhalten wir daraus

$$f(\sigma) - \lambda g(\sigma) + \pi\big(f'(\sigma) - \lambda g'(\sigma)\big) \equiv 0 \mod \mathfrak{p}^e$$

also

$$\pi\big(f'(\sigma) - \lambda g'(\sigma)\big) \equiv \lambda g(\sigma) - f(\sigma) \mod \mathfrak{p}^e. \tag{13,9}$$

Nun haben wir aber

$$f(\sigma) - \lambda g(\sigma) \equiv 0 \bmod \mathfrak{p}$$

ist also τ ein Inverses mod $\mathfrak{p}$ von $g(\sigma)$, so gilt

$$\lambda \equiv f(\sigma)\,\tau \bmod \mathfrak{p}$$

also ergibt sich:

$$f'(\sigma) - \lambda g'(\sigma) \equiv f'(\sigma) - f(\sigma)\,g'(\sigma)\,\tau \equiv \tau\left(g(\sigma)\,f'(\sigma) - f(\sigma)\,g'(\sigma)\right) \bmod \mathfrak{p},$$

daher hat $f'(\sigma) - \lambda g'(\sigma)$ ein Inverses ρ mod $\mathfrak{p}$. Multipliziert man (13,9) damit, dann erhält man:

$$\pi \equiv \left(\lambda g(\sigma) - f(\sigma)\right)\rho \bmod \mathfrak{p}^e.$$

Es ist also ξ mod $\mathfrak{p}^e$ eindeutig bestimmt, also hat (13,8) für festes λ höchstens eine Lösung mod $\mathfrak{p}^e$.

Andererseits aber sei nun

$$\xi = \sigma + \left(\lambda g(\sigma) - f(\sigma)\right)\rho.$$

Setzen wir das in die linke Seite von (13,8) ein, so erhalten wir, wenn wir berücksichtigen, daß σ die Beziehung (13,7) erfüllt:

$$f(\xi) - \lambda g(\xi) \equiv f(\sigma) - \lambda g(\sigma) + \left(\lambda g(\sigma) - f(\sigma)\right)\rho\left(f'(\sigma) - \lambda g'(\sigma)\right) \equiv$$
$$\equiv f(\sigma) - \lambda g(\sigma) + \lambda g(\sigma) - f(\sigma) \equiv 0 \bmod \mathfrak{p}^e$$

daher hat (13,8) für festes λ genau eine Lösung mod $\mathfrak{p}^e$, also hat (13,6) in $\mathfrak{r}/\mathfrak{p}^e$ stets genau eine Lösung mod $\mathfrak{p}^e$, also ist auch $\vartheta_{\mathfrak{p}^e}\dfrac{f(x)}{g(x)}$ eine Permutation.

Aus dem soeben bewiesenen Satz kann man leicht einige Folgerungen ziehen:

1. *Es sei $\mathfrak{r}$ ein dedekindscher Ring und $\mathfrak{p}$ ein Primideal von $\mathfrak{r}$. Für den Quotienten $\dfrac{f(x)}{g(x)} \in \mathfrak{R}_{\mathfrak{p}}$ mit $g(x) \in \mathfrak{N}_{\mathfrak{p}}$ sei (13,5) erfüllt. Dann ist $\vartheta_{\mathfrak{q}}\dfrac{f(x)}{g(x)}$ für jedes Primärideal $\mathfrak{q}$ mit zugehörigem Primideal $\mathfrak{p}$ eine Permutation.*

Es gilt ja in diesem Fall stets $\mathfrak{q} = \mathfrak{p}^e$.

2. *Sei $\mathfrak{r}$ noethersch, $\mathfrak{p}$ ein Primideal von $\mathfrak{r}$ und für $\dfrac{f(x)}{g(x)} \in \mathfrak{R}_{\mathfrak{p}}$ mit $g(x) \in \mathfrak{N}_{\mathfrak{p}}$ sei (13,5) erfüllt. Dann ist $\vartheta_{\mathfrak{q}}\dfrac{f(x)}{g(x)}$ für jedes Primärideal $\mathfrak{q}$*

mit zugehörigem Primideal $\mathfrak{p}$ *und endlichem* $\mathfrak{r}/\mathfrak{q}$ *eine Permutation.*

Denn wir haben $\mathfrak{p}^e \subseteqq \mathfrak{q}$ für geeignetes e und $\vartheta_{\mathfrak{p}^e} \dfrac{f(x)}{g(x)}$ ist eine Permutation. Daraus folgt, daß (13,8) für jedes $\lambda \in \mathfrak{r}$ lösbar ist, daher ist auch

$$f(x) - \lambda g(x) \equiv 0 \mod \mathfrak{q} \tag{13,10}$$

für jedes $\lambda \in \mathfrak{r}$ lösbar, wegen der Endlichkeit von $\mathfrak{r}/\mathfrak{q}$ hat (13,10) daher stets genau eine Lösung mod $\mathfrak{q}$, daher ist $\vartheta_{\mathfrak{q}} \dfrac{f(x)}{g(x)}$ tatsächlich eine Permutation.

Wir können den Satz und die beiden Folgerungen sehr leicht auf Polynome $f(x)$ spezialisieren. Die Bedingung (13,5) lautet in diesem Fall

$$\vartheta_{\mathfrak{p}} f(x) \text{ ist eine Permutation} \quad f'(x) \in \mathfrak{N}_{\mathfrak{p}} \tag{13,11}$$

Aus den soeben gewonnenen Ergebnissen erhält man, wenn man Satz 11,1 beachtet:

Die in Satz 13,2 als notwendig für $\overline{\dfrac{f(x)}{g(x)}} \in \mathfrak{G}(\mathfrak{a}, \mathfrak{q})$ *erkannten Bedingungen (13,3) sind auch hinreichend, wenn man* $\mathfrak{r}$ *als noethersch und* $\mathfrak{r}/\mathfrak{q}$ *als endlich voraussetzt. Ebenso sind unter diesen Voraussetzungen die in Satz 13,2 a angegebenen Bedingungen auch hinreichend.*

14. Strukturaussagen über $\mathfrak{H}(\mathfrak{a}, \mathfrak{u})$ und $\mathfrak{G}(\mathfrak{a}, \mathfrak{u})$.

Wir beweisen zunächst folgenden

SATZ 14,1: *Ist* $\mathfrak{u} = \mathfrak{v}\mathfrak{w}$ *mit* $(\mathfrak{v}, \mathfrak{w}) = \mathfrak{r}$ *ein* $\mathfrak{a}$*-zulässiges Ideal, dann gelten folgende Isomorphiebeziehungen*

$$\mathfrak{R}_{\mathfrak{a}} \Big/ \frac{\{\mathfrak{u}\}}{\mathfrak{N}_{\mathfrak{a}}} \cong \mathfrak{R}_{\mathfrak{a}} \Big/ \frac{\{\mathfrak{v}\}}{\mathfrak{N}_{\mathfrak{a}}} \times \mathfrak{R}_{\mathfrak{a}} \Big/ \frac{\{\mathfrak{w}\}}{\mathfrak{N}_{\mathfrak{a}}} \tag{14,1 a}$$

$$\mathfrak{G}(\mathfrak{a}, \mathfrak{u}) \cong \mathfrak{G}(\mathfrak{a}, \mathfrak{v}) \times \mathfrak{G}(\mathfrak{a}, \mathfrak{w}) \tag{14,1 b}$$

Bew: Zum Beweis von (14,1 a) ordnen wir jedem Element $\bar{\alpha} \in \mathfrak{R}_{\mathfrak{a}} \Big/ \dfrac{\{\mathfrak{u}\}}{\mathfrak{N}_{\mathfrak{a}}}$ das Paar

$$\alpha \mod \frac{\{\mathfrak{v}\}}{\mathfrak{N}_{\mathfrak{a}}}, \qquad \alpha \mod \frac{\{\mathfrak{w}\}}{\mathfrak{N}_{\mathfrak{a}}}$$

aus dem auf der rechten Seite von (14,1 a) stehenden direkten Produkt zu. Offenbar ist dieses Paar durch $\bar{\alpha}$ eindeutig bestimmt; wegen der in 13 bewiesenen Beziehung $\frac{\{\mathfrak{v}\}}{\mathfrak{N}_\mathfrak{a}} \cap \frac{\{\mathfrak{w}\}}{\mathfrak{N}_\mathfrak{a}} = \frac{\{\mathfrak{u}\}}{\mathfrak{N}_\mathfrak{a}}$ ist diese Zuordnung eine umkehrbar eindeutige Abbildung, und es ist leicht einzusehen, daß sie ein Isomorphismus der linken Seite von (14,1a) in die rechte Seite ist. Daß jedes Element der rechten Seite tatsächlich als Bild auftritt, sieht man folgendermaßen ein:

Ist $\left(\frac{r(x)}{s(x)}, \frac{u(x)}{v(x)}\right)$ ein Vertreterpaar eines Elementes der rechten Seite von (14,1a) mit $s(x), v(x) \in \mathfrak{N}_\mathfrak{a}$, so bestimme man zunächst $\sigma, \tau \in \mathfrak{r}$ aus den Kongruenzsystemen:

$$\sigma \equiv 1 \bmod \mathfrak{v} \qquad \tau \equiv 0 \bmod \mathfrak{v}$$
$$\sigma \equiv 0 \bmod \mathfrak{w} \qquad \tau \equiv 1 \bmod \mathfrak{w}$$

Dann bilde man

$$\gamma = \frac{\sigma\, r(x)}{s(x)} + \frac{\tau\, u(x)}{v(x)} \in \mathfrak{N}_\mathfrak{a}$$

Es gilt

$$\gamma \equiv \frac{r(x)}{s(x)} \bmod \frac{\{\mathfrak{v}\}}{\mathfrak{N}_\mathfrak{a}} \qquad \gamma \equiv \frac{u(x)}{v(x)} \bmod \frac{\{\mathfrak{w}\}}{\mathfrak{N}_\mathfrak{a}}$$

also hat $\bar{\gamma}$ tatsächlich das vorgegebene Element der rechten Seite von (14,1a) als Bild. Beachtet man nun noch Satz 13,1, so ergibt sich aus der vorhin angewendeten Abbildung der linken Seite von (14,1a) auf die rechte auch sofort die Richtigkeit von (14,1b).

Als nächstes beweisen wir folgenden

SATZ 14,2: *Ist* $\mathfrak{u}$ *ein* $\mathfrak{a}$*-zulässiges Ideal und gilt* $\mathfrak{v} \supseteqq \mathfrak{u}$, *dann existiert stets ein Homomorphismus* $\varkappa$ von $\mathfrak{N}_\mathfrak{a} \Big/ \frac{\{\mathfrak{u}\}}{\mathfrak{N}_\mathfrak{a}}$ auf $\mathfrak{N}_\mathfrak{a} \Big/ \frac{\{\mathfrak{v}\}}{\mathfrak{N}_\mathfrak{a}}$. *Bei* $\varkappa$ *wird* $\mathfrak{G}(\mathfrak{a}, \mathfrak{u})$ *homomorph in* $\mathfrak{G}(\mathfrak{a}, \mathfrak{v})$ *abgebildet.*

Bew: Wir definieren $\varkappa$ durch

$$\varkappa\bar{\alpha} = \alpha \bmod \frac{\{\mathfrak{v}\}}{\mathfrak{N}_\mathfrak{a}} \tag{14,2}$$

$\varkappa$ ist ersichtlich eine eindeutige, homomorphe Abbildung von $\mathfrak{N}_\mathfrak{a} \Big/ \frac{\{\mathfrak{u}\}}{\mathfrak{N}_\mathfrak{a}}$

auf $\mathfrak{R}_\mathfrak{a} \Big/ \frac{\{\mathfrak{v}\}}{\mathfrak{R}_\mathfrak{a}}$. Wenn gilt $\overline{\alpha} \in \mathfrak{G}(\mathfrak{a}, \mathfrak{u})$, dann gibt es $\overline{\beta} \in \mathfrak{H}(\mathfrak{a}, \mathfrak{u})$ mit

$$\overline{\alpha} \circ \overline{\beta} = \overline{\beta} \circ \overline{\alpha} = \overline{x}$$

wendet man darauf $\varkappa$ an, so erhält man

$$\varkappa\,\overline{\alpha} \circ \varkappa\,\overline{\beta} = \varkappa\,\overline{\beta} \circ \varkappa\,\overline{\alpha} = x \bmod \frac{\{\mathfrak{v}\}}{\mathfrak{R}_\mathfrak{a}}$$

also gilt $\varkappa\,\overline{\alpha} \in \mathfrak{G}(\mathfrak{a}, \mathfrak{v})$.

Weiter beweisen wir

Satz 14,3: *Ist* $\mathfrak{r}$ *ein NT-Ring und* $\mathfrak{q}$ *ein* $\mathfrak{a}$*-zulässiges Primärideal mit endlichem* $\mathfrak{r}/\mathfrak{q}$, *dann ist die homomorphe Abbildung* $\varkappa$ *von* $\mathfrak{G}(\mathfrak{a}, \mathfrak{q})$ *in* $\mathfrak{G}(\mathfrak{a}, \mathfrak{v})$ *für jeden Teiler* $\mathfrak{v}$ *von* $\mathfrak{q}$ *ein Homomorphismus von* $\mathfrak{G}(\mathfrak{a}, \mathfrak{q})$ *auf* $\mathfrak{G}(\mathfrak{a}, \mathfrak{v})$.

Beweis: Das zugehörige Primideal von $\mathfrak{q}$ sei $\mathfrak{p}$; die (natürlich ebenfalls endliche) Anzahl der Elemente von $\mathfrak{r}/\mathfrak{p}$ bezeichnen wir mit $n(\mathfrak{p})$. Wenn für ein Primideal $\mathfrak{p}_i$ gilt $\mathfrak{p}_i \supseteqq \mathfrak{v}$, so gilt $\mathfrak{p}_i \supseteqq \mathfrak{q}$, also $\mathfrak{p}_i \supseteqq \mathfrak{p}$, also $\mathfrak{p}_i = \mathfrak{r}$ oder $\mathfrak{p}_i = \mathfrak{p}$. (Für $\mathfrak{p} = (0)$ ist ja $\mathfrak{r}$ ein Körper, daher die Behauptung trivial.) Also hat $\mathfrak{v}$ außer $\mathfrak{p}$ und $\mathfrak{r}$ keine Primidealteiler, es ist daher $\mathfrak{v}$ primär mit zugehörigem Primideal $\mathfrak{p}$, oder $\mathfrak{v} = \mathfrak{r}$. Da in letzterem Fall unsere Behauptung in trivialer Weise richtig ist, brauchen wir nur noch den ersten zu behandeln, wobei wir zwei Möglichkeiten unterscheiden:

a. $\mathfrak{v} \subset \mathfrak{p}$. Ist in diesem Fall $\frac{f(x)}{g(x)}$ mit $g(x) \in \mathfrak{R}_\mathfrak{a}$ Vertreter für ein gegebenes Element B von $\mathfrak{G}(\mathfrak{a}, \mathfrak{v})$, so sind die Bedingungen (13,3) erfüllt, nach der Bemerkung am Schluß von 13 gilt daher $A = \overline{\frac{f(x)}{g(x)}} \in \mathfrak{G}(\mathfrak{a}, \mathfrak{q})$ und wir haben wirklich $\varkappa A = B$.

b. $\mathfrak{v} = \mathfrak{p}$. Ist in diesem Fall $\frac{f(x)}{g(x)}$ mit $g(x) \in \mathfrak{R}_\mathfrak{a}$ Vertreter für ein gegebenes Element B von $\mathfrak{G}(\mathfrak{a}, \mathfrak{v})$, so wird B auch vertreten durch alle Quotienten

$$\frac{f(x) + h(x)\,(x^{n(\mathfrak{p})} - x)}{g(x)} = \frac{F(x)}{G(x)} \tag{14,3}$$

denn $\mathfrak{r}/\mathfrak{p}$ ist ja ein Galoisfeld, also gilt $x^{n(\mathfrak{p})} - x \in \{\mathfrak{p}\}$. Wir haben also

$$\overline{\frac{F(x)}{G(x)}} \in \mathfrak{G}(\mathfrak{a}, \mathfrak{p})$$

Weiter gilt

$$G(x) F'(x) - F(x) G'(x) =$$
$$= g(x)\left(f'(x) + h'(x)(x^{n(\mathfrak{p})} - x) + h(x)(n(\mathfrak{p}) x^{n(\mathfrak{p})-1} - 1)\right) - \left(f(x) +\right.$$
$$\left. + h(x)(x^{n(\mathfrak{p})} - x)\right) g'(x) = g(x) f'(x) - f(x) g'(x) - g(x) h(x) + P(x)$$

mit $P(x) \in \{\mathfrak{p}\}$, da $n(\mathfrak{p})$ durch die Charakteristik von $\mathfrak{r}/\mathfrak{p}$ teilbar ist. Wir konstruieren nun das Polynom $\bar{h}(x)$ über $\mathfrak{r}/\mathfrak{p}$ so, daß gilt

$$\bar{h}(\bar{r}) \neq \overline{g(r) f'(r) - f(r) g'(r) g(r)}^{\,-1}$$

für jedes $\bar{r} \in \mathfrak{r}/\mathfrak{p}$, und ersetzen in $\bar{h}(x)$ jeden Koeffizienten durch einen seiner Vertreter aus $\mathfrak{r}$. So erhalten wir ein Polynom $h(x) \in \mathfrak{r}[x]$. Setzen wir dieses in (14,3) ein, so erhalten wir für jedes $r \in \mathfrak{r}$

$$\overline{G(r) F'(r) - F(r) G'(r)} = \overline{g(r) f'(r) - f(r) g'(r)} - \overline{g(r) h(r)} =$$
$$= \overline{g(r)}\left(\overline{g(r) f'(r) - f(r) g'(r) g(r)}^{\,-1} - \overline{h(r)}\right) \neq \bar{0}$$

also $G(x) F'(x) - F(x) G'(x) \in \mathfrak{N}_{\mathfrak{p}}$, nach der Bemerkung am Schluß von 13 folgt daraus $A = \overline{\frac{F(x)}{G(x)}} \in \mathfrak{G}(\mathfrak{a}, \mathfrak{q})$ und wir haben wirklich $\varkappa A = B$.

15. Die linear gebrochenen Unterstrukturen.

Sei $\mathfrak{a} \neq \mathfrak{r}$ Ideal in $\mathfrak{r}$. Die Menge aller Elemente von $\mathfrak{R}_{\mathfrak{a}}$ mit einer Quotientendarstellung der Gestalt

$$\frac{a x + b}{c x + d} \qquad \text{mit } c x + d \in \mathfrak{N}_{\mathfrak{a}} \tag{15,1}$$

bezeichnen wir mit $\mathfrak{M}_{\mathfrak{a}}$. Diese Teilmenge $\mathfrak{M}_{\mathfrak{a}} \subseteq \mathfrak{R}_{\mathfrak{a}}$ ist abgeschlossen gegenüber der Operation Einsetzen, denn wir haben

$$\frac{a x + b}{c x + d} \circ \frac{\alpha x + \beta}{\gamma x + \delta} = \frac{\left(a \dfrac{\alpha x + \beta}{\gamma x + \delta} + b\right) \cdot (\gamma x + \delta)}{\left(c \dfrac{\alpha x + \beta}{\gamma x + \delta} + d\right) \cdot (\gamma x + \delta)} = \frac{(a \alpha + b \gamma) x + a \beta + b \delta}{(c \alpha + d \gamma) x + c \beta + d \delta} \tag{15,2}$$

das ist wieder ein Quotient der Gestalt (15,1). Also ist $\mathfrak{M}_{\mathfrak{a}}$ eine

Unterhalbgruppe von $\mathfrak{N}_{\mathfrak{a}}$ gegenüber der Operation Einsetzen und enthält ersichtlich die Einheit von $\mathfrak{N}_{\mathfrak{a}}$.

Nun sei $\mathfrak{u}$ ein $\mathfrak{a}$-zulässiges Ideal. Bei dem natürlichen Homomorphismus der Halbgruppe $\mathfrak{N}_{\mathfrak{a}}$ bezüglich der Operation Einsetzen auf $\mathfrak{H}(\mathfrak{a}, \mathfrak{u})$ wird $\mathfrak{M}_{\mathfrak{a}}$ abgebildet auf eine Unterhalbgruppe $\mathfrak{K}(\mathfrak{a}, \mathfrak{u})$ von $\mathfrak{H}(\mathfrak{a}, \mathfrak{u})$, welche die Einheit von $\mathfrak{H}(\mathfrak{a}, \mathfrak{u})$ enthält. $\mathfrak{K}(\mathfrak{a}, \mathfrak{u})$ kann charakterisiert werden als Menge aller der Elemente von $\mathfrak{H}(\mathfrak{a}, \mathfrak{u})$, welche einen Vertreter in $\mathfrak{M}_{\mathfrak{a}}$ besitzen. Wir bezeichnen $\mathfrak{K}(\mathfrak{a}, \mathfrak{u})$ als die „*linear gebrochene Unterhalbgruppe von* $\mathfrak{H}(\mathfrak{a}, \mathfrak{u})$“.

Mit $\mathfrak{L}(\mathfrak{a}, \mathfrak{u})$ bezeichnen wir die Menge der in $\mathfrak{K}(\mathfrak{a}, \mathfrak{u})$ invertierbaren Elemente von $\mathfrak{K}(\mathfrak{a}, \mathfrak{u})$. Wir bezeichnen die Gruppe $\mathfrak{L}(\mathfrak{a}, \mathfrak{u})$ als die „*linear gebrochene Untergruppe von* $\mathfrak{G}(\mathfrak{a}, \mathfrak{u})$“, denn es gilt ja doch

$$\mathfrak{L}(\mathfrak{a}, \mathfrak{u}) \subseteqq \mathfrak{K}(\mathfrak{a}, \mathfrak{u}) \cap \mathfrak{G}(\mathfrak{a}, \mathfrak{u}) \tag{15,3}$$

Ist $\mathfrak{r}/\mathfrak{u}$ endlich, dann gilt in (15,3) sicher $=$ statt $\subseteqq$; denn nach den Überlegungen von 11 ist in diesem Fall das Inverse eines Elementes $F \in \mathfrak{K}(\mathfrak{a}, \mathfrak{u}) \cap \mathfrak{G}(\mathfrak{a}, \mathfrak{u})$ eine Potenz von F, also in $\mathfrak{K}(\mathfrak{a}, \mathfrak{u})$ enthalten.

Um die Struktur von $\mathfrak{K}(\mathfrak{a}, \mathfrak{u})$ und $\mathfrak{L}(\mathfrak{a}, \mathfrak{u})$ näher kennenzulernen, beweisen wir zunächst folgenden

Satz 15,1: *Es sei* $\mathfrak{r}$ *ein NT-Ring und* $\mathfrak{u} = \mathfrak{v}\mathfrak{w}$ *mit* $(\mathfrak{v}, \mathfrak{w}) = \mathfrak{r}$ *ein* $\mathfrak{a}$*-zulässiges Ideal. Dann gelten für* $\mathfrak{a} \neq (0)$ *folgende Isomorphiebeziehungen*

$$\mathfrak{K}(\mathfrak{a}, \mathfrak{u}) \cong \mathfrak{K}(\mathfrak{a}, \mathfrak{v}) \times \mathfrak{K}(\mathfrak{a}, \mathfrak{w}) \tag{15,4}$$

$$\mathfrak{L}(\mathfrak{a}, \mathfrak{u}) \cong \mathfrak{L}(\mathfrak{a}, \mathfrak{v}) \times \mathfrak{L}(\mathfrak{a}, \mathfrak{w}) \tag{15,5}$$

Bew: Zunächst beweisen wir (15,4). Wir führen die zum Beweis von Satz 14,1 verwendete Zuordnung für die Elemente von $\mathfrak{K}(\mathfrak{a}, \mathfrak{u})$ durch und erhalten so einen Isomorphismus von $\mathfrak{K}(\mathfrak{a}, \mathfrak{u})$ in $\mathfrak{K}(\mathfrak{a}, \mathfrak{v}) \times \mathfrak{K}(\mathfrak{a}, \mathfrak{w})$. Es ist noch zu zeigen, daß bei dieser Zuordnung jedes Element von $\mathfrak{K}(\mathfrak{a}, \mathfrak{v}) \times \mathfrak{K}(\mathfrak{a}, \mathfrak{w})$ als Bild auftritt; da dies für $\mathfrak{u} = (0), \mathfrak{r}$ klar ist, können wir dabei $\mathfrak{u} \neq (0), \mathfrak{r}$ voraussetzen.

Sei also (F, G) so ein Element. Wir wählen ein Vertreterpaar

$$\frac{a_1 x + b_1}{c_1 x + d_1}, \frac{a_2 x + b_2}{c_2 x + d_2} \quad \text{mit } c_1 x + d_1,\ c_2 x + d_2 \in \mathfrak{N}_{\mathfrak{a}}$$

Wir haben nun aber: $\big(k(\mathfrak{v}), k(\mathfrak{w})\big) \supseteqq (\mathfrak{v}, \mathfrak{w}) = \mathfrak{r}$, also $\big(k(\mathfrak{v}), k(\mathfrak{w})\big) = \mathfrak{r}$. Daher haben wir $k(\mathfrak{u}) \subseteqq k(\mathfrak{v}) \cap k(\mathfrak{w}) = k(\mathfrak{v})\, k(\mathfrak{w})$. Nach 3 gilt außerdem auch $k(\mathfrak{u}) \supseteqq k(\mathfrak{a})$ (da $\mathfrak{u} = (0)$ ja wegen unserer Voraussetzung nicht möglich ist). Wir haben also $k(\mathfrak{a}) \subseteqq k(\mathfrak{v})\, k(\mathfrak{w})$. Es sei $k(\mathfrak{v})\, k(\mathfrak{w}) = \mathfrak{p}_1 \mathfrak{p}_2 \ldots \mathfrak{p}_r$ mit lauter verschiedenen Primidealen $\mathfrak{p}_i$, dann gilt mit Primidealen $\mathfrak{q}_i$, die untereinander und von den $\mathfrak{p}_i$ verschieden sind

$$k(\mathfrak{a}) = \mathfrak{p}_1 \mathfrak{p}_2 \ldots \mathfrak{p}_r \mathfrak{q}_1 \mathfrak{q}_2 \ldots \mathfrak{q}_s = k(\mathfrak{v})\, k(\mathfrak{w})\, \mathfrak{q}$$

wobei $k(\mathfrak{v})$, $k(\mathfrak{w})$ und $\mathfrak{q}$ paarweise teilerfremd sind. Es sind daher auch $\mathfrak{v}, \mathfrak{w}$ und $\mathfrak{q}$ paarweise teilerfremd.

Wir lösen nun die Kongruenzsysteme

$$\begin{array}{llll} \alpha \equiv a_1 \bmod \mathfrak{v} & \beta \equiv b_1 \bmod \mathfrak{v} & \gamma \equiv c_1 \bmod \mathfrak{v} & \delta \equiv d_1 \bmod \mathfrak{v} \\ \alpha \equiv a_2 \bmod \mathfrak{w} & \beta \equiv b_2 \bmod \mathfrak{w} & \gamma \equiv c_2 \bmod \mathfrak{w} & \delta \equiv d_2 \bmod \mathfrak{w} \\ & & \gamma \equiv 0 \bmod \mathfrak{q} & \delta \equiv 1 \bmod \mathfrak{q} \end{array}$$

Dann haben wir

$$\begin{array}{ll} \gamma x + \delta \equiv c_1 x + d_1 \bmod \{\mathfrak{v}\} & \to \gamma x + \delta \in \mathfrak{N}_{\mathfrak{v}} \subseteqq \mathfrak{N}_{k(\mathfrak{v})} \\ \gamma x + \delta \equiv c_2 x + d_2 \bmod \{\mathfrak{w}\} & \to \gamma x + \delta \in \mathfrak{N}_{\mathfrak{w}} \subseteqq \mathfrak{N}_{k(\mathfrak{w})} \\ \gamma x + \delta \equiv 1 \qquad\quad \bmod \{\mathfrak{q}\} & \to \gamma x + \delta \in \mathfrak{N}_{\mathfrak{q}} \end{array}$$

also gilt

$$\gamma x + \delta \in \mathfrak{N}_{k(\mathfrak{v})} \cap \mathfrak{N}_{k(\mathfrak{w})} \cap \mathfrak{N}_{\mathfrak{q}} = \mathfrak{N}_{k(\mathfrak{v})\, k(\mathfrak{w})\, \mathfrak{q}} = \mathfrak{N}_{k(\mathfrak{a})} = \mathfrak{N}_{\mathfrak{a}}$$

(die Richtigkeit der letzten Gleichung ergibt sich sofort aus 2,5 und 2,8).

Nun bilden wir uns den Quotienten $\dfrac{\alpha x + \beta}{\gamma x + \delta} \in \mathfrak{M}_{\mathfrak{a}}$, der vertritt ein Element $H \in \mathfrak{K}(\mathfrak{a}, \mathfrak{u})$. Wegen

$$\frac{\alpha x + \beta}{\gamma x + \delta} - \frac{a_1 x + b_1}{c_1 x + d_1} = \frac{(\alpha x + \beta)(c_1 x + d_1) - (a_1 x + b_1)(\gamma x + \delta)}{(\gamma x + \delta)(c_1 x + d_1)} \in \frac{\{\mathfrak{v}\}}{\mathfrak{N}_{\mathfrak{a}}}$$

$$\frac{\alpha x + \beta}{\gamma x + \delta} - \frac{a_2 x + b_2}{c_2 x + d_2} \in \frac{\{\mathfrak{w}\}}{\mathfrak{N}_{\mathfrak{a}}}$$

ist das Bild von H bei unserer Abbildung tatsächlich (F, G).

Der Beweis von (15,5) ist nun leicht: Einerseits bildet unsere Zuordnung die linke Seite von (15,5) isomorph in die rechte Seite ab; ist andererseits das Paar (F, G) der rechten Seite gegeben, so bilde man sein Urbild $H \in \mathfrak{K}(\mathfrak{a}, \mathfrak{u})$, außerdem das Paar (U, V) seiner Inversen und dazu sein Urbild $L \in \mathfrak{K}(\mathfrak{a}, \mathfrak{u})$; dieses L ist dann Inverses von H, also gilt $H \in \mathfrak{L}(\mathfrak{a}, \mathfrak{u})$.

Falls $\mathfrak{r}$ ein NT-Ring ist, genügt es also, die Fälle $\mathfrak{a} = (0)$ und $\mathfrak{a} \neq (0)$, $\mathfrak{u} = \mathfrak{q} \neq \mathfrak{r}$ mit primärem $\mathfrak{q}$ zu untersuchen. Mit dem ersten Fall werden wir uns später beschäftigen; jetzt betrachten wir den zweiten.

Zunächst beweisen wir

Satz 15,2: *Es sei $\mathfrak{r}$ ein NT-Ring, $\mathfrak{q} \neq \mathfrak{r}$ ein $\mathfrak{a}$-zulässiges Primärideal mit zugehörigem Primideal $\mathfrak{p}$ und $\mathfrak{a} \neq (0)$. Dann gelten die Isomorphiebeziehungen*

$$\mathfrak{K}(\mathfrak{a}, \mathfrak{q}) \cong \mathfrak{K}(\mathfrak{q}, \mathfrak{q}) \qquad \mathfrak{L}(\mathfrak{a}, \mathfrak{q}) \cong \mathfrak{L}(\mathfrak{q}, \mathfrak{q}) \tag{15,6}$$

Beweis: Wegen $\mathfrak{N}_\mathfrak{a} \subseteq \mathfrak{N}_\mathfrak{q}$ ist die Zuordnung

$$\frac{a x + b}{c x + d} \bmod \frac{\{\mathfrak{q}\}}{\mathfrak{N}_\mathfrak{a}} \to \frac{a x + b}{c x + d} \bmod \frac{\{\mathfrak{q}\}}{\mathfrak{N}_\mathfrak{q}}$$

eine eindeutige Abbildung von $\mathfrak{K}(\mathfrak{a}, \mathfrak{q})$ in $\mathfrak{K}(\mathfrak{q}, \mathfrak{q})$, und zwar sogar eine isomorphe Abbildung. Daß dabei jedes Element von $\mathfrak{K}(\mathfrak{q}, \mathfrak{q})$ als Bild auftritt, erkennt man folgendermaßen:

Sei $F \in \mathfrak{K}(\mathfrak{q}, \mathfrak{q})$ und $\dfrac{a x + b}{c x + d}$ mit $c x + d \in \mathfrak{N}_\mathfrak{q}$ Vertreter dafür. Falls gilt $\mathfrak{q} = (0)$, dann haben wir $\mathfrak{N}_\mathfrak{q} = \mathfrak{N}_\mathfrak{a}$, also $c x + d \in \mathfrak{N}_\mathfrak{a}$ und die Behauptung ist richtig. Für $\mathfrak{q} \neq (0)$ haben wir nach 3, daß gilt $k(\mathfrak{q}) \supseteq k(\mathfrak{a})$, also gilt

$$k(\mathfrak{a}) = \mathfrak{p}\, \mathfrak{t}_1 \mathfrak{t}_2 \ldots \mathfrak{t}_s = \mathfrak{p}\, \mathfrak{t}$$

mit voneinander und von $\mathfrak{p}$ verschiedenen Primidealen $\mathfrak{t}_i$, also ist $\mathfrak{q}$ zu $\mathfrak{t}$ teilerfremd. Wir bestimmen nun γ, δ aus dem Kongruenzsystem

$$\begin{aligned} \gamma &\equiv c \bmod \mathfrak{q} \qquad & \delta &\equiv d \bmod \mathfrak{q} \\ \gamma &\equiv 0 \bmod \mathfrak{t} \qquad & \delta &\equiv 1 \bmod \mathfrak{t} \end{aligned}$$

dann haben wir

$$\begin{aligned} \gamma x + \delta &\equiv c x + d \bmod \{\mathfrak{q}\} \to \gamma x + \delta \in \mathfrak{N}_\mathfrak{q} \subseteq \mathfrak{N}_\mathfrak{p} \\ \gamma x + \delta &\equiv 1 \qquad\quad \bmod \{\mathfrak{t}\} \to \gamma x + \delta \in \mathfrak{N}_\mathfrak{t} \end{aligned}$$

also gilt $\gamma x + \delta \in \mathfrak{N}_\mathfrak{p} \cap \mathfrak{N}_\mathfrak{t} = \mathfrak{N}_\mathfrak{a}$.

Der Quotient $\dfrac{a x + b}{\gamma x + \delta}$ vertritt ein Element aus $\mathfrak{K}(\mathfrak{a}, \mathfrak{q})$, das bei obiger Abbildung ersichtlich auf F abgebildet wird. Damit ist die erste Beziehung von (15,6) bewiesen. Aus dieser ergibt sich dann sofort die Richtigkeit der zweiten.

Wir untersuchen nun also $\mathfrak{K}(\mathfrak{q}, \mathfrak{q})$ und $\mathfrak{L}(\mathfrak{q}, \mathfrak{q})$ für ein Primärideal $\mathfrak{q} \neq (0)$. Zunächst zeigen wir:

Ist $\mathfrak{r}$ *noethersch und* $\mathfrak{q} \neq \mathfrak{r}$ *ein Primärideal mit zugehörigem Primideal* $\mathfrak{p}$ *und endlichem* $\mathfrak{r}/\mathfrak{q}$, *dann ist* $\mathfrak{M}_\mathfrak{q}$ *die Menge aller Quotienten*

$$\frac{a\,x + b}{c\,x + d} \qquad c \in \mathfrak{p} \quad d \quad \dot{\mathfrak{p}} \tag{15,7}$$

Ein Quotient (15,7) vertritt genau dann ein Element von $\mathfrak{L}(\mathfrak{q}, \mathfrak{q})$, *wenn auch noch gilt*

$$a \notin \mathfrak{p} \tag{15,8}$$

Bew: Nach 2 haben wir $\mathfrak{N}_\mathfrak{q} = \mathfrak{N}_\mathfrak{p}$, also ist $c\,x + d \in \mathfrak{N}_\mathfrak{q}$ gleichbedeutend mit $c\,x + d \in \mathfrak{N}_\mathfrak{p}$. Da $\mathfrak{r}/\mathfrak{p}$ ein Galoisfeld ist, ist das wiederum gleichbedeutend mit $c \in \mathfrak{p}$, $d \notin \mathfrak{p}$.

Angenommen, es gilt $\overline{\dfrac{a\,x + b}{c\,x + d}} \in \mathfrak{L}(\mathfrak{q}, \mathfrak{q})$, so gilt auch die Beziehung $\overline{\dfrac{a\,x + b}{c\,x + d}} \in \mathfrak{L}(\mathfrak{p}, \mathfrak{p})$, also ist die Abbildung

$$\overline{r \to d}^{\,-1}\,(\overline{a\,r + b}) \tag{15,9}$$

eine Permutation von $\mathfrak{r}/\mathfrak{p}$, also gilt $\overline{a} \neq \overline{0}$ und daher $a \notin \mathfrak{p}$. Ist dies umgekehrt erfüllt, dann ist (15,9) eine Permutation von $\mathfrak{r}/\mathfrak{p}$, also haben wir

$$\overline{\frac{a\,x + b}{c\,x + d}} \in \mathfrak{G}(\mathfrak{q}, \mathfrak{p})$$

Weiter gilt

$$(c\,x + d)\,a - (a\,x + b)\,c = a\,d - b\,c \in \mathfrak{N}_\mathfrak{p}$$

nach der Bemerkung am Schluß von 13 haben wir daher $\overline{\dfrac{a\,x + b}{c\,x + d}} \in \mathfrak{G}(\mathfrak{q}, \mathfrak{q})$, nach der Bemerkung bei (15,3) also $\overline{\dfrac{a\,x + b}{c\,x + d}} \in \mathfrak{L}(\mathfrak{q}, \mathfrak{q})$.

Wir setzen weiterhin $\mathfrak{r}$ als noethersch und $\mathfrak{r}/\mathfrak{q}$ als endlich voraus und betrachten die Menge K der Matrizen $\begin{pmatrix} \alpha & \beta \\ \gamma & \delta \end{pmatrix}$, in denen α, β alle Elemente von $\mathfrak{r}/\mathfrak{q}$, γ alle die Elemente von $\mathfrak{r}/\mathfrak{q}$, deren Vertreter in $\mathfrak{p}$ liegen und δ die Elemente von $\mathfrak{r}/\mathfrak{q}$, deren Vertreter nicht in $\mathfrak{p}$ liegen, durchläuft, und davon die Untermenge L der Matrizen, bei denen auch die Vertreter von α nicht in $\mathfrak{p}$ liegen. Man rechnet leicht nach, daß K gegenüber der Matrizenmultiplikation eine Halbgruppe mit Einheit ist und daß L die Menge ihrer invertierbaren Elemente ist, also eine Gruppe.

Wir bezeichnen nun mit a, b, c, d beliebige Vertreter der Restklassen α, β, γ, δ und nehmen folgende Abbildung vor

$$\begin{pmatrix}\alpha & \beta\\ \gamma & \delta\end{pmatrix} \to \frac{ax+b}{cx+d} \bmod \frac{\{\mathfrak{q}\}}{\mathfrak{N}_{\mathfrak{q}}} \tag{15,10}$$

Das ist eine eindeutige Abbildung von K auf $\mathfrak{R}(\mathfrak{q}, \mathfrak{q})$, und zwar, wie man leicht sieht, sogar ein Homomorphismus. Bei diesem Homomorphismus wird L abgebildet auf $\mathfrak{L}(\mathfrak{q}, \mathfrak{q})$.

Wir untersuchen nun den Kern T des Homomorphismus von L auf $\mathfrak{L}(\mathfrak{q}, \mathfrak{q})$:

Es gehört $\begin{pmatrix}\alpha & \beta\\ \gamma & \delta\end{pmatrix}$ genau dann zu T, wenn für eine beliebige Vertretermatrix $\begin{pmatrix}a & b\\ c & d\end{pmatrix}$ davon gilt

$$\frac{ax+b}{cx+d} \equiv x \bmod \frac{\{\mathfrak{q}\}}{\mathfrak{N}_{\mathfrak{q}}} \tag{15,11}$$

Dies wiederum ist gleichbedeutend mit

$$cx^2 + (d-a)\,x - b \in \{\mathfrak{q}\} \tag{15,12}$$

Daraus ergibt sich $b \in \mathfrak{q}$, also $cx^2 + (d-a)\,x \in \{\mathfrak{q}\}$ und damit $d - a \equiv -c \bmod \mathfrak{q}$, also $c\,(x^2 - x) \in \{\mathfrak{q}\}$. Wir unterscheiden nun zwei Fälle:

a. Für die Elementezahl $n(\mathfrak{p})$ von $\mathfrak{r}/\mathfrak{p}$ gilt $n(\mathfrak{p}) > 2$. In diesem Fall gibt es ein $z \in \mathfrak{r}$ mit $z^2 - z \not\equiv 0 \bmod \mathfrak{p}$, also $z^2 - z \in \mathfrak{N}_{\mathfrak{p}} = \mathfrak{N}_{\mathfrak{q}}$, aus der Kongruenz $c\,(z^2 - z) \equiv 0 \bmod \mathfrak{q}$ folgt also $c \equiv 0 \bmod \mathfrak{q}$ und damit $d \equiv a \bmod \mathfrak{q}$. Wir haben also die notwendigen Bedingungen $b \equiv c \equiv 0 \bmod \mathfrak{q}$, $d \equiv a \bmod \mathfrak{q}$, und die sind auch hinreichend für (15, 12).

b. Es gilt $n(\mathfrak{p}) = 2$. In diesem Fall haben wir für jedes $p \in \mathfrak{p}$ die Beziehung $c\,\big((1+p)^2 - (1+p)\big) = c\,(1+p)\,p \equiv 0 \bmod \mathfrak{q}$, wegen $1 + p \in \mathfrak{N}_{\mathfrak{q}}$ gilt also $c\,p \equiv 0 \bmod \mathfrak{q}$ für jedes $p \in \mathfrak{p}$, also $c \equiv 0 \bmod (\mathfrak{q} : \mathfrak{p})$, dazu kommt noch $d \equiv a - c \bmod \mathfrak{q}$. Wir haben also die notwendigen Bedingungen $b \equiv 0 \bmod \mathfrak{q}$, $c \equiv 0 \bmod (\mathfrak{q}:\mathfrak{p})$, $d \equiv a - c \bmod \mathfrak{q}$. Sind diese Bedingungen umgekehrt erfüllt, so haben wir $c\,r^2 + (d-a)\,r - b \equiv c\,r^2 - c\,r \equiv c\,r\,(r-1) \equiv 0 \bmod \mathfrak{q}$ für jedes $r \in \mathfrak{r}$, also sind sie auch hinreichend für (15,12).

Also haben wir: *Ist* $\mathfrak{r}$ *noethersch und* $\mathfrak{r}/\mathfrak{q}$ *endlich, dann ist* T *im Falle* $n(\mathfrak{p}) > 2$ *die Menge aller Matrizen* $\begin{pmatrix} \alpha & 0 \\ 0 & \alpha \end{pmatrix}$, *wo* α *die Menge* $J(\mathfrak{q})$ *der invertierbaren Elemente von* $\mathfrak{r}/\mathfrak{q}$ *durchläuft, und im Falle* $n(\mathfrak{p}) = 2$ *die Menge aller Matrizen* $\begin{pmatrix} \alpha & 0 \\ \gamma & \alpha - \gamma \end{pmatrix}$, *wo* α *die Menge* $J(\mathfrak{q})$ *durchläuft und* γ *alle Elemente von* $\mathfrak{r}/\mathfrak{q}$ *mit Vertreter in* $(\mathfrak{q}:\mathfrak{p}) \cap \mathfrak{p}$.

Wir können nun auch die Ordnung von $\mathfrak{L}(\mathfrak{q}, \mathfrak{q})$ leicht berechnen, wir brauchen ja bloß die Ordnung von L durch die Ordnung von T zu dividieren. Bezeichnen wir allgemein für jedes Ideal $\mathfrak{a}$ mit endlichem $\mathfrak{r}/\mathfrak{a}$ mit $n(\mathfrak{a})$ die Ordnung von $\mathfrak{r}/\mathfrak{a}$ und mit $\varphi(\mathfrak{a})$ die Ordnung der Gruppe der invertierbaren Elemente von $\mathfrak{r}/\mathfrak{a}$, so erhalten wir dafür:

$$o\big(\mathfrak{L}(\mathfrak{q},\mathfrak{q})\big) = \begin{cases} \dfrac{n(\mathfrak{q})^2\,\varphi(\mathfrak{q})}{n(\mathfrak{p})} & \text{für } n(\mathfrak{p}) > 2 \\[2ex] \dfrac{n(\mathfrak{q})\,n\big((\mathfrak{q}:\mathfrak{p}) \cap \mathfrak{p}\big)\,\varphi(\mathfrak{q})}{n(\mathfrak{p})} & \text{für } n(\mathfrak{p}) = 2 \end{cases}$$

Wir können diese Ausdrücke noch etwas umformen, wenn wir beachten, daß gilt

$$\varphi(\mathfrak{q}) = \big(n(\mathfrak{p}) - 1\big)\,\frac{n(\mathfrak{q})}{n(\mathfrak{p})}$$

und wenn wir weiter berücksichtigen, daß $\mathfrak{q}:\mathfrak{p} = \mathfrak{r}$ für $\mathfrak{q} = \mathfrak{p}$, während im Fall $\mathfrak{q} \subset \mathfrak{p}$ gilt $\mathfrak{q}:\mathfrak{p} \subseteq \mathfrak{p}$; denn aus $\alpha \in \mathfrak{q}:\mathfrak{p}$ folgt $\alpha\,p \in \mathfrak{q}$ auch für ein p mit $p \in \mathfrak{p}$ und $p \notin \mathfrak{q}$; wäre nun $\alpha \notin \mathfrak{p}$, so hätten wir $\alpha \in \mathfrak{N}_{\mathfrak{p}} = \mathfrak{N}_{\mathfrak{q}}$, also doch $p \in \mathfrak{q}$, also gilt $\alpha \in \mathfrak{p}$. Wir erhalten dann

$$o(\mathfrak{L}(\mathfrak{q},\mathfrak{q})) = \begin{cases} \dfrac{n(\mathfrak{q})^3\,(n(\mathfrak{p}) - 1)}{n(\mathfrak{p})^2} & \text{für } n(\mathfrak{p}) > 2 \\[2ex] \dfrac{n(\mathfrak{q})^2\,n(\mathfrak{q}:\mathfrak{p})\,(n(\mathfrak{p}) - 1)}{n(\mathfrak{p})^2} & \text{für } n(\mathfrak{p}) = 2,\ \mathfrak{q} \subset \mathfrak{p} \\[2ex] n(\mathfrak{q})\big(n(\mathfrak{p}) - 1\big) & \text{für } n(\mathfrak{p}) = 2,\ \mathfrak{q} = \mathfrak{p} \end{cases} \qquad (15{,}13)$$

16. Die linear ganzen Unterstrukturen.

In $\mathfrak{M}_{\mathfrak{a}}$ bildet die Menge aller Elemente von $\mathfrak{R}_{\mathfrak{a}}$ mit einer Quotientendarstellung der Gestalt $a\,x + b$ eine Unterhalbgruppe $\mathfrak{V}$, die die Einheit von $\mathfrak{R}_{\mathfrak{a}}$ enthält. Ihr Bild bei dem natürlichen Homomorphismus von $\mathfrak{R}_{\mathfrak{a}}$ auf $\mathfrak{H}(\mathfrak{a}, \mathfrak{u})$ ist eine Unterhalbgruppe $\mathfrak{U}(\mathfrak{u})$ von $\mathfrak{H}(\mathfrak{a}, \mathfrak{u})$, welche die Einheit von $\mathfrak{H}(\mathfrak{a}, \mathfrak{u})$ enthält. $\mathfrak{U}(\mathfrak{u})$ kann charakterisiert werden als die Menge aller Elemente von $\mathfrak{H}(\mathfrak{a}, \mathfrak{u})$, die einen Vertreter in $\mathfrak{V}$ besitzen, ist also Unterhalbgruppe von $\mathfrak{H}(\mathfrak{u})$. Es ist leicht einzusehen, daß $\mathfrak{U}(\mathfrak{u})$ isomorph ist zur Halbgruppe der Elemente von $G/\{\mathfrak{u}\}$, aufgefaßt als Halbgruppe mit der Operation Einsetzen, die einen Vertreter $a\,x + b$ haben. Wir bezeichnen $\mathfrak{U}(\mathfrak{u})$ als die *„linear ganze Unterhalbgruppe von* $\mathfrak{H}(\mathfrak{a}, \mathfrak{u})$". Es gilt natürlich

$$\mathfrak{U}(\mathfrak{u}) \subseteq \mathfrak{K}(\mathfrak{a}, \mathfrak{u})$$

Mit $\mathfrak{T}(\mathfrak{u})$ bezeichnen wir die Menge der in $\mathfrak{U}(\mathfrak{u})$ invertierbaren Elemente von $\mathfrak{U}(\mathfrak{u})$. $\mathfrak{T}(\mathfrak{u})$ ist eine Untergruppe von $\mathfrak{U}(\mathfrak{u})$, welche wir als die *„linear ganze Untergruppe von* $\mathfrak{G}(\mathfrak{a}, \mathfrak{u})$" bezeichnen, denn es gilt

$$\mathfrak{T}(\mathfrak{u}) \subseteq \mathfrak{U}(\mathfrak{u}) \cap \mathfrak{G}(\mathfrak{a}, \mathfrak{u}) \tag{16,1}$$

Es gilt in dieser Beziehung wieder sicher $=$, wenn $\mathfrak{r}/\mathfrak{u}$ endlich ist. Weiter haben wir natürlich

$$\mathfrak{T}(\mathfrak{u}) \subseteq \mathfrak{L}(\mathfrak{a}, \mathfrak{u})$$

Wir wollen nun $\mathfrak{U}(\mathfrak{u})$ und $\mathfrak{T}(\mathfrak{u})$ wieder etwas näher kennenlernen und beweisen zunächst folgenden

SATZ 16,1: *Ist* $\mathfrak{u} = \mathfrak{v}\,\mathfrak{w}$ *mit* $(\mathfrak{v}, \mathfrak{w}) = \mathfrak{r}$ *ein* $\mathfrak{a}$*-zulässiges Ideal, dann gilt*

$$\mathfrak{U}(\mathfrak{u}) \cong \mathfrak{U}(\mathfrak{v}) \times \mathfrak{U}(\mathfrak{w}) \tag{16,2}$$

$$\mathfrak{T}(\mathfrak{u}) \cong \mathfrak{T}(\mathfrak{v}) \times \mathfrak{T}(\mathfrak{w}) \tag{16,3}$$

Bew: Wir betrachten die beim Beweis von Satz 14,1 verwendete Zuordnung; man erkennt leicht, daß sie $\mathfrak{U}(\mathfrak{u})$ isomorph abbildet auf $\mathfrak{U}(\mathfrak{v}) \times \mathfrak{U}(\mathfrak{w})$ und $\mathfrak{T}(\mathfrak{u})$ isomorph abbildet auf $\mathfrak{T}(\mathfrak{v}) \times \mathfrak{T}(\mathfrak{w})$.

Falls $\mathfrak{r}/\mathfrak{u}$ endlich ist, lassen sich die Ordnungen von $\mathfrak{U}(\mathfrak{u})$ und $\mathfrak{T}(\mathfrak{u})$ leicht berechnen:

Aus $a\,x + b \equiv a_1 x + b_1 \mod \dfrac{\{\mathfrak{u}\}}{\mathfrak{N}_{\mathfrak{a}}}$ folgt nämlich sofort die Beziehung $(a - a_1)\,x + (b - b_1) \in \{\mathfrak{u}\}$, also $a \equiv a_1 \mod \mathfrak{u}$ und $b \equiv b_1 \mod \mathfrak{u}$ und dies ist auch hinreichend. Weiter folgt daraus, daß $a x + b$ ein Element von $\mathfrak{T}(\mathfrak{u})$ vertritt, die Existenz von $r x + s$ mit $a r x + a s + b \equiv x$ mod $\{\mathfrak{u}\}$, woraus sich ergibt $a r \equiv 1 \bmod \mathfrak{u}$, also $a \in \mathfrak{N}_{\mathfrak{u}}$, und man rechnet leicht nach, daß diese Bedingung auch hinreichend ist. Wir haben daher

$$\mathfrak{o}\left(\mathfrak{U}(\mathfrak{u})\right) = n(\mathfrak{u})^2 \qquad \mathfrak{o}\left(\mathfrak{T}(\mathfrak{u})\right) = n(\mathfrak{u})\,\varphi(\mathfrak{u}) \tag{16,4}$$

17. Vollständige Ausfüllung durch lineare Unterstrukturen.

Wie wir in den beiden vorhergehenden Kapiteln gesehen haben, gelten die Beziehungen

$$\mathfrak{U}(\mathfrak{u}) \subseteqq \mathfrak{K}(\mathfrak{a}, \mathfrak{u}) \qquad \mathfrak{K}(\mathfrak{a}, \mathfrak{u}) \subseteqq \mathfrak{H}(\mathfrak{a}, \mathfrak{u}) \tag{17,1a}$$

$$\mathfrak{T}(\mathfrak{u}) \subseteqq \mathfrak{L}(\mathfrak{a}, \mathfrak{u}) \qquad \mathfrak{L}(\mathfrak{a}, \mathfrak{u}) \subseteqq \mathfrak{G}(\mathfrak{a}, \mathfrak{u}) \tag{17,1b}$$

Wir fragen uns: Wann gelten diese Beziehungen mit $=$ statt $\subseteqq$?

Zunächst können wir sagen: Gilt $=$ in einer Beziehung von (17,1a), so gilt es auch in der darunter stehenden Beziehung von (17,1b). Wenn es also in einer dieser Beziehungen nicht gilt, dann gilt es auch in der entsprechenden Beziehung von (17,1a) nicht.

Als erstes betrachten wir die linksstehenden Beziehungen, und zwar zunächst für $\mathfrak{a} = (0)$. Hier zeigen wir: *Hat* $\mathfrak{r}$ *nur endlich viele Einheiten, dann gilt stets* $\mathfrak{U}(\mathfrak{u}) = \mathfrak{K}\left((0), \mathfrak{u}\right)$.

Bew: Sei $H \in \mathfrak{K}\left((0), \mathfrak{u}\right)$, dann hat es einen Vertreter $\dfrac{a x + b}{c x + d}$ mit $c x + d \in \mathfrak{N}_{(0)}$, daraus folgt aber $c x + d = \varepsilon$, eine Einheit von $\mathfrak{r}$, also gilt dann $\dfrac{a x + b}{c x + d} = \varepsilon^{-1}(a x + b) = a_1 x + b_1$, daher gilt $H \in \mathfrak{U}(\mathfrak{u})$.

Vorausgesetzt, daß $\mathfrak{r}$ nur endlich viele Einheiten hat, haben wir damit also auch einige Aussagen über $\mathfrak{K}(\mathfrak{a}, \mathfrak{u})$ und $\mathfrak{L}(\mathfrak{a}, \mathfrak{u})$ für den Fall $\mathfrak{a} = (0)$, den wir in 15 ausgeschlossen hatten, gewonnen.

Nun untersuchen wir für $\mathfrak{a} \neq (0)$, wann gilt $\mathfrak{U}(\mathfrak{u}) = \mathfrak{K}(\mathfrak{a}, \mathfrak{u})$. Setzen wir $\mathfrak{r}$ als NT-Ring und $\mathfrak{r}/\mathfrak{u}$ als endlich voraus, so gilt dies trivialerweise im Fall $\mathfrak{u} = \mathfrak{r}$; der Fall $\mathfrak{u} = (0)$ kommt nicht in Frage, denn da ist auch $\mathfrak{a} = (0)$, also bleibt noch zu betrachten der Fall

$$\mathfrak{u} = \mathfrak{q}_1 \mathfrak{q}_2 \ldots \mathfrak{q}_r$$

wo die $\mathfrak{q}_i \neq \mathfrak{r}$ paarweise teilerfremde Primärideale sind. In diesem Fall gilt nach Satz 15,1 und Satz 15,2

$$\mathfrak{K}(\mathfrak{a}, \mathfrak{u}) \cong \mathfrak{K}(\mathfrak{q}_1, \mathfrak{q}_1) \times \mathfrak{K}(\mathfrak{q}_2, \mathfrak{q}_2) \times \ldots \times \mathfrak{K}(\mathfrak{q}_r, \mathfrak{q}_r)$$

und nach Satz 16,1

$$\mathfrak{U}(\mathfrak{u}) \cong \mathfrak{U}(\mathfrak{q}_1) \times \mathfrak{U}(\mathfrak{q}_2) \times \ldots \times \mathfrak{U}(\mathfrak{q}_r)$$

Notwendig und hinreichend für das Bestehen der zu untersuchenden Beziehung ist wegen $o\big(\mathfrak{U}(\mathfrak{q}_i)\big) \leqq o\big(\mathfrak{K}(\mathfrak{q}_i, \mathfrak{q}_i)\big)$ also das Bestehen aller Gleichungen

$$o\big(\mathfrak{U}(\mathfrak{q}_i)\big) = o\big(\mathfrak{K}(\mathfrak{q}_i, \mathfrak{q}_i)\big) \tag{17,2}$$

Dafür wieder ist notwendig das Bestehen von

$$o\big(\mathfrak{T}(\mathfrak{q}_i)\big) = o\big(\mathfrak{L}(\mathfrak{q}_i, \mathfrak{q}_i)\big)$$

oder, wenn man die früher für die beiden Seiten dieser Gleichung gefundenen Ausdrücke einsetzt:

$$n(\mathfrak{q}_i)\,\varphi(\mathfrak{q}_i) = \begin{cases} \dfrac{n(\mathfrak{q}_i)^2\,\varphi(\mathfrak{q}_i)}{n(\mathfrak{p}_i)} & \text{für } n(\mathfrak{p}_i) > 2 \\[2ex] \dfrac{n(\mathfrak{q}_i)\,n\big((\mathfrak{q}_i : \mathfrak{p}_i) \cap \mathfrak{p}_i\big)\,\varphi(\mathfrak{q}_i)}{n(\mathfrak{p}_i)} & \text{für } n(\mathfrak{p}_i) = 2 \end{cases}$$

Dies gilt genau in folgenden Fällen:

$$n(\mathfrak{p}_i) > 2, \quad n(\mathfrak{q}_i) = n(\mathfrak{p}_i)$$

$$n(\mathfrak{p}_i) = 2, \quad n\big((\mathfrak{q}_i : \mathfrak{p}_i) \cap \mathfrak{p}_i\big) = n(\mathfrak{p}_i)$$

Der erste dieser beiden Fälle ist gleichbedeutend mit $n(\mathfrak{p}_i) > 2$, $\mathfrak{q}_i = \mathfrak{p}_i$. Der zweite ist gleichbedeutend mit $n(\mathfrak{p}_i) = 2$, $(\mathfrak{q}_i : \mathfrak{p}_i) \cap \mathfrak{p}_i = \mathfrak{p}_i$, daraus folgt aber $\mathfrak{q}_i : \mathfrak{p}_i \supseteqq \mathfrak{p}_i$, also $\mathfrak{q}_i \supseteqq \mathfrak{p}_i^2$, und das ist umgekehrt auch hinreichend.

Wir haben nun zu untersuchen, ob in diesen beiden Fällen auch gilt $\mathfrak{U}(\mathfrak{q}_i) = \mathfrak{K}(\mathfrak{q}_i, \mathfrak{q}_i)$. Zuerst betrachten wir den Fall $\mathfrak{q}_i = \mathfrak{p}_i$. Ist $F \in \mathfrak{K}(\mathfrak{p}_i, \mathfrak{p}_i)$, so hat es einen Vertreter $\dfrac{ax+b}{cx+d}$ mit $c \in \mathfrak{p}_i$, $d \notin \mathfrak{p}_i$. Ist δ Vertreter des Inversen von d mod $\mathfrak{p}_i$, so haben wir $\dfrac{ax+b}{cx+d} \equiv \delta(ax+b)$ mod $\dfrac{\{\mathfrak{p}_i\}}{\mathfrak{N}_{\mathfrak{p}_i}}$, also gilt $F \in \mathfrak{U}(\mathfrak{p}_i)$.

Nun sei im Fall $n(\mathfrak{p}_i) = 2$, $\mathfrak{q}_i \supseteqq \mathfrak{p}_i^2$ ein $F \in \mathfrak{K}(\mathfrak{q}_i, \mathfrak{q}_i)$ gegeben. Das hat dann einen Vertreter $\dfrac{ax+b}{cx+d}$ mit $c \in \mathfrak{p}_i$, $d \notin \mathfrak{p}_i$. Wir versuchen, $\alpha x + \beta$ so zu bestimmen, daß gilt

$$\frac{ax+b}{cx+d} \equiv \alpha x + \beta \bmod \frac{\{\mathfrak{q}_i\}}{\mathfrak{N}_{\mathfrak{q}_i}} \tag{17,3}$$

(17, 3) ist sicher erfüllt, wenn $ax + b \equiv (\alpha x + \beta)\,(cx + d) \bmod \{\mathfrak{q}_i\}$ gilt. Nun haben wir aber wegen $n(\mathfrak{p}_i) = 2$ die Beziehung $c\,(x^2 - x) \in \{\mathfrak{p}_i^2\}$, also $c\,x^2 \equiv c\,x \bmod \{\mathfrak{q}_i\}$, daher ist diese Beziehung gleichbedeutend mit $(\alpha\,(c + d) + \beta\,c)\,x + \beta\,d \equiv a\,x + b \bmod \{\mathfrak{q}_i\}$, das wiederum ist gleichbedeutend mit

$$\beta\,d \equiv b \bmod \mathfrak{q}_i \quad \alpha\,(c + d) + \beta\,c \equiv a \bmod \mathfrak{q}_i \tag{17,4}$$

Aus (17,4) läßt sich zuerst β und dann α bestimmen, also gilt wieder $F \in \mathfrak{U}(\mathfrak{q}_i)$.

Wir haben also folgenden

Satz 17,1: *Ist* $\mathfrak{r}$ *ein NT-Ring,* $\mathfrak{a} \neq (0)$ *und* $\mathfrak{r}/\mathfrak{u}$ *endlich, so gilt sowohl* $\mathfrak{U}(\mathfrak{u}) = \mathfrak{K}(\mathfrak{a}, \mathfrak{u})$ *als auch* $\mathfrak{T}(\mathfrak{u}) = \mathfrak{L}(\mathfrak{a}, \mathfrak{u})$ *außer für* $\mathfrak{u} = \mathfrak{r}$ *genau für die* $\mathfrak{a}$*-zulässigen* $\mathfrak{u} \neq (0)$, *welche eine Darstellung der Form*

$$\mathfrak{u} = \mathfrak{q}_1\,\mathfrak{q}_2 \ldots \mathfrak{q}_r$$

als Produkt von paarweise teilerfremden Primäridealen $\mathfrak{q}_i \neq \mathfrak{r}$ *haben, in der für die Primärideale, für deren zugehörige Primideale gilt* $n(\mathfrak{p}_i) > 2$, *stets gilt* $\mathfrak{q}_i = \mathfrak{p}_i$, *und für die Primärideale, für deren zugehörige Primideale gilt* $n(\mathfrak{p}_i) = 2$, *stets gilt* $\mathfrak{q}_i \supseteq \mathfrak{p}_i^2$.

Nun untersuchen wir, wann gilt $\mathfrak{K}(\mathfrak{a}, \mathfrak{u}) = \mathfrak{H}(\mathfrak{a}, \mathfrak{u})$. Wir setzen zunächst $\mathfrak{r}$ als NT-Ring, $\mathfrak{a} \neq (0)$ und $\mathfrak{r}/\mathfrak{u}$ als endlich voraus. Dann gilt die Beziehung für $\mathfrak{u} = \mathfrak{r}$ und der Fall $\mathfrak{u} = (0)$ kommt nicht in Frage, also bleibt noch zu betrachten der Fall

$$\mathfrak{u} = \mathfrak{q}_1\,\mathfrak{q}_2 \ldots \mathfrak{q}_r,$$

wo die $\mathfrak{q}_i \neq \mathfrak{r}$ paarweise teilerfremde Primärideale sind. In diesem Fall gilt

$$\mathfrak{K}(\mathfrak{a}, \mathfrak{u}) \cong \mathfrak{K}(\mathfrak{a}, \mathfrak{q}_1) \times \mathfrak{K}(\mathfrak{a}, \mathfrak{q}_2) \times \ldots \times \mathfrak{K}(\mathfrak{a}, \mathfrak{q}_r)$$
$$\mathfrak{H}(\mathfrak{a}, \mathfrak{u}) \cong \mathfrak{H}(\mathfrak{a}, \mathfrak{q}_1) \times \mathfrak{H}(\mathfrak{a}, \mathfrak{q}_2) \times \ldots \times \mathfrak{H}(\mathfrak{a}, \mathfrak{q}_r)$$

letzteres nach Satz 14,1. Notwendig und hinreichend für die Gültigkeit der zu untersuchenden Beziehung ist daher das Erfülltsein von

$$\mathfrak{K}(\mathfrak{a}, \mathfrak{q}_i) = \mathfrak{H}(\mathfrak{a}, \mathfrak{q}_i) \text{ für } i = 1, 2 \ldots r \tag{17,5}$$

Dafür wieder ist notwendig

$$\mathfrak{K}(\mathfrak{a}, \mathfrak{p}_i) = \mathfrak{H}(\mathfrak{a}, \mathfrak{p}_i) \text{ für } i = 1, 2 \ldots r$$

wie sich bei Anwendung des im Beweis von Satz 14,2 konstruierten Homomorphismus sofort ergibt. Diese Beziehung ist nach Satz 15,2 und Satz 12,1 gleichbedeutend mit

$$o\left(\mathfrak{K}(\mathfrak{p}_i, \mathfrak{p}_i)\right) = o\left(\mathfrak{H}(\mathfrak{p}_i)\right) \tag{17,6}$$

Da $\mathfrak{r}/\mathfrak{p}_i$ ein Galoisfeld ist, ist das wegen (16,4) und Satz 17,1 gleichbedeutend mit

$$n(\mathfrak{p}_i)^2 = n(\mathfrak{p}_i)^{n(\mathfrak{p}_i)}$$

also mit $n(\mathfrak{p}_i) = 2$.

Auf ganz analoge Art und mit den selben Voraussetzungen leiten wir notwendige Bedingungen für $\mathfrak{L}(\mathfrak{a}, \mathfrak{u}) = \mathfrak{G}(\mathfrak{a}, \mathfrak{u})$ her, wobei wir Satz 14,3 beachten müssen. Wir kommen so auf die notwendigen Bedingungen

$$o\left(\mathfrak{L}(\mathfrak{p}_i, \mathfrak{p}_i)\right) = o\left(\mathfrak{G}(\mathfrak{p}_i)\right) \tag{17,7}$$

was gleichbedeutend ist mit

$$n(\mathfrak{p}_i)\left(n(\mathfrak{p}_i) - 1\right) = n(\mathfrak{p}_i)!$$

also mit $n(\mathfrak{p}_i) = 2,3$.

Wir untersuchen nun, für welche $\mathfrak{q} \neq \mathfrak{r}$ mit endlichem $\mathfrak{r}/\mathfrak{q}$, deren zugehöriges Primideal $n(\mathfrak{p}) = 2,3$ erfüllt, die Beziehung

$$\mathfrak{L}(\mathfrak{a}, \mathfrak{q}) = \mathfrak{G}(\mathfrak{a}, \mathfrak{q}) \tag{17,8}$$

richtig ist.

Zuerst betrachten wir den Fall $n(\mathfrak{p}) = 3$: Angenommen, es sei (17,8) erfüllt. Wir bilden das Polynom $f(x) = 2x + (x^3 - x) = x^3 + x$, für dieses gilt dann $\overline{f(x)} \in \mathfrak{G}(\mathfrak{a}, \mathfrak{p})$, $f'(x) = 3x^2 + 1 \in \mathfrak{N}_\mathfrak{p}$, also nach der Bemerkung am Schluß von 13 auch $\overline{f(x)} \in \mathfrak{G}(\mathfrak{a}, \mathfrak{q})$. Es gibt also ein $\dfrac{ax+b}{cx+d}$ mit $c \in \mathfrak{p}$, $d \notin \mathfrak{p}$, so daß

$$x^3 + x \equiv \frac{ax+b}{cx+d} \bmod \frac{\{\mathfrak{q}\}}{\mathfrak{N}_\mathfrak{a}}$$

also gilt $(x^3+x)(cx+d) - (ax+b) \in \{\mathfrak{q}\}$, daraus folgt $(x^3+x)(cx+d) - ax \in \{\mathfrak{q}\}$, also $2(c+d) \equiv a \bmod \{\mathfrak{q}\}$, setzt man das ein, so erhält man

$$(x^3 + x)(cx + d) - 2(c + d)x \in \{\mathfrak{q}\} \tag{17,9}$$

setzt man in (17,9) ein $x = 2$ und $x = 4$, so erhält man

$$10(2c + d) - 4(c + d) \equiv 0 \bmod \mathfrak{q} \rightarrow 16c + 6d \equiv 0 \bmod \mathfrak{q}$$
$$68(4c + d) - 8(c + d) \equiv 0 \bmod \mathfrak{q} \rightarrow 264c + 60d \equiv 0 \bmod \mathfrak{q}$$

daraus ergibt sich $104\,c \equiv 0 \mod \mathfrak{q}$, wegen $104 \in \mathfrak{N}_\mathfrak{p} = \mathfrak{N}_\mathfrak{q}$ also $c \equiv 0 \mod \mathfrak{q}$, also haben wir

$$d\,(x^3 + x) - 2\,d\,x \in \{\mathfrak{q}\} \to x^3 - x \in \{\mathfrak{q}\} \text{ wegen } d \in \mathfrak{N}_\mathfrak{q}$$

Also gilt $\alpha^3 = \alpha$ für jedes Element aus $\mathfrak{r}/\mathfrak{q}$; ist also α Nullteiler von $\mathfrak{r}/\mathfrak{q}$, so gilt einerseits $\alpha^{1+2g} = \alpha$ für jedes nichtnegative g, andererseits gilt für groß genug gewähltes g auch $\alpha^{1+2g} = 0$, da α als Nullteiler nilpotent ist, also ist $\alpha = 0$, daher $\mathfrak{r}/\mathfrak{q}$ nullteilerfrei, also Integritätsbereich, daher $\mathfrak{q}$ ein Primideal, wegen unserer Voraussetzung über $\mathfrak{r}$ also $\mathfrak{q} = \mathfrak{p}$. Daß in diesem Fall aber tatsächlich (17,8) gilt, erkennt man durch Vergleich der Ordnungen der linken und der rechten Seite von (17,8).

Nun betrachten wir den Fall $n\,(\mathfrak{p}) = 2$: Angenommen, es sei (17,8) erfüllt. Wir bilden mit einem $\lambda \in \mathfrak{p}$ das Polynom $f\,(x) = \lambda\,x^3 + x$; wegen $\overline{f\,(x)} \in \mathfrak{G}\,(\mathfrak{a}, \mathfrak{p})$ und $f'\,(x) = 3\,\lambda\,x^2 + 1 \in \mathfrak{N}_\mathfrak{p}$ ist $\overline{f\,(x)} \in \mathfrak{G}\,(\mathfrak{a}, \mathfrak{q})$, also gibt es $\dfrac{a\,x + b}{c\,x + d}$ mit $c \in \mathfrak{p}$, $d \notin \mathfrak{p}$, so daß

$$\lambda\,x^3 + x \equiv \frac{a\,x + b}{c\,x + d} \mod \frac{\{\mathfrak{q}\}}{\mathfrak{N}_\mathfrak{a}}$$

also gilt $\quad x\,(\lambda\,x^2 + 1)\,(c\,x + d) - (a\,x + b) \in \{\mathfrak{q}\}$,

also $\quad x\,(\lambda\,x^2 + 1)\,(c\,x + d) - a\,x \in \{\mathfrak{q}\}$,

also $\quad (\lambda + 1)\,(c + d) \equiv a \mod \{\mathfrak{q}\}$ $\quad$ und daher

$$x\,(c\,\lambda\,x^3 + d\,\lambda\,x^2 + c\,x - c\,\lambda - c - d\,\lambda) \in \{\mathfrak{q}\}$$

daraus folgt $\quad c\,\big(\lambda\,x^4 + x^2 - (\lambda + 1)\,x\big) + d\,(\lambda\,x^3 - \lambda\,x) \in \{\mathfrak{q}\}$

daraus folgt $\quad c\,x\big(\lambda\,(x^3 - 1) + (x - 1)\big) + d\,\lambda\,x\,(x^2 - 1) \in \{\mathfrak{q}\}$

also

$$c\,x\,(x - 1)\,\big(\lambda\,(x^2 + x + 1) + 1\big) + d\,\lambda\,x\,(x - 1)\,(x + 1) \in \{\mathfrak{q}\} \qquad (17,10)$$

Ist nun $\sigma \in \mathfrak{p}$, dann gilt $\sigma - 1 \in \mathfrak{N}_\mathfrak{p} = \mathfrak{N}_\mathfrak{q}$. Setzen wir in (17,10) ein $x = \sigma$ und kürzen durch $\sigma - 1$, dann erhalten wir

$$c\,\sigma\big(\lambda\,(\sigma^2 + \sigma + 1) + 1\big) + d\,\lambda\,\sigma\,(\sigma + 1) \equiv 0 \mod \mathfrak{q} \qquad (17,11)$$

Nun setzen wir in (17,10) ein $x = \sigma + 1$ und kürzen durch $\sigma + 1$, das gibt

$$c\,\sigma\big(\lambda\,(\sigma^2 + 2\,\sigma + 1 + \sigma + 1 + 1) + 1\big) + d\,\lambda\,\sigma\,(\sigma + 2) \equiv 0 \mod \mathfrak{q} \qquad (17,12)$$

Subtrahieren wir (17,11) von (17,12), so ergibt sich

$$c\sigma\lambda(2\sigma+2)+d\lambda\sigma\equiv 0 \bmod \mathfrak{q}$$

also

$$\lambda\sigma(2c\sigma+2c+d)\equiv 0 \bmod \mathfrak{q}$$

Nun haben wir $2c\sigma+2c+d\in\mathfrak{N}_{\mathfrak{p}}=\mathfrak{N}_{\mathfrak{q}}$, also gilt $\lambda\sigma\equiv 0 \bmod \mathfrak{q}$, also $\mathfrak{p}^2\subseteq\mathfrak{q}$.

Wir überlegen uns nun, daß in diesem Fall dann auch tatsächlich wieder (17,8) gilt. Ist nämlich $F\in\mathfrak{G}(\mathfrak{a},\mathfrak{q})$, so hat es nach Satz 12,1 ein Polynom als Vertreter, nun gilt aber $(x^2-x)^2\in\{\mathfrak{p}^2\}\subseteq\{\mathfrak{q}\}$, also hat F einen Vertreter $f(x)=ax^3+bx^2+cx+d$; ist $\mathfrak{q}=\mathfrak{p}$, dann ist ersichtlich auch $(a+b+c)x+d$ Vertreter für F, also gilt (17,8). Ist aber $\mathfrak{q}\subset\mathfrak{p}$ so sind die Bedingungen (13,3) erfüllt, das heißt, es gilt

$$\overline{(a+b+c)x+d}\in\mathfrak{G}(\mathfrak{a},\mathfrak{p}) \quad 3ax^2+2bx+c\in\mathfrak{N}_{\mathfrak{p}} \qquad (17,13)$$

daraus ergibt sich $a+b+c\equiv 1 \bmod \mathfrak{p}$, $a\equiv 0 \bmod \mathfrak{p}$, $c\equiv 1 \bmod \mathfrak{p}$, also gilt $b\equiv 0 \bmod \mathfrak{p}$, daher gilt $ax^3\equiv ax \bmod \{\mathfrak{q}\}$, $bx^2\equiv bx \bmod \{\mathfrak{q}\}$, also erhalten wir wieder einen linearen Vertreter für F, also gilt auch jetzt (17,8).

Nun untersuchen wir noch, ob in diesem Fall auch $\mathfrak{K}(\mathfrak{a},\mathfrak{q})=\mathfrak{H}(\mathfrak{a},\mathfrak{q})$ gilt. Falls $\mathfrak{q}=\mathfrak{p}$ ist, ist das tatsächlich der Fall, was man so wie oben einsieht. Wäre das aber auch für $\mathfrak{q}\subset\mathfrak{p}$ richtig, so würde auch gelten

$$x^2\equiv\frac{ax+b}{cx+d} \bmod \frac{\{\mathfrak{q}\}}{\mathfrak{N}_{\mathfrak{a}}} \text{ mit } c\in\mathfrak{p},\ d\in\mathfrak{p}$$

also hätten wir

$$cx^3+dx^2-ax-b\in\{\mathfrak{q}\}$$

also $\qquad cx^3+dx^2-ax\in\{\mathfrak{q}\},\ dx^2+(c-a)x\in\{\mathfrak{q}\},$

also hätten wir $x^2+\lambda x\in\{\mathfrak{q}\}$, daraus ergibt sich $\lambda\equiv -1 \bmod \{\mathfrak{q}\}$, also $x^2-x\in\{\mathfrak{q}\}$, woraus man wie vorhin im Fall $n(\mathfrak{p})=3$ schließt, daß gilt $\mathfrak{q}=\mathfrak{p}$.

Fassen wir nun alle Ergebnisse zusammen, dann erhalten wir folgenden

Satz 17,2: *Ist* $\mathfrak{r}$ *ein NT-Ring,* $\mathfrak{a}\neq(0)$ *und* $\mathfrak{r}/\mathfrak{u}$ *endlich, dann gilt* $\mathfrak{K}(\mathfrak{a},\mathfrak{u})=\mathfrak{H}(\mathfrak{a},\mathfrak{u})$ *außer für* $\mathfrak{u}=\mathfrak{r}$ *genau für die* $\mathfrak{a}$*-zulässigen* $\mathfrak{u}\neq(0)$, *welche eine Darstellung der Form*

$$\mathfrak{u} = \mathfrak{q}_1 \mathfrak{q}_2 \ldots \mathfrak{q}_r \qquad (17,14)$$

als Produkt von paarweise teilerfremden Primäridealen $\mathfrak{q}_i \neq \mathfrak{r}$ *haben, in der alle* $\mathfrak{q}_i$ *Primideale* $\mathfrak{p}_i$ *mit* $n(\mathfrak{p}_i) = 2$ *sind.* $\mathfrak{L}(\mathfrak{a}, \mathfrak{u}) = \mathfrak{G}(\mathfrak{a}, \mathfrak{u})$ *gilt außer für* $\mathfrak{u} = \mathfrak{r}$ *genau für die* $\mathfrak{a}$*-zulässigen* $\mathfrak{u} \neq (0)$, *welche eine Darstellung der Form (17,14) haben, in der alle* $\mathfrak{q}_i$ *Primideale* $\mathfrak{p}_i$ *mit* $n(\mathfrak{p}_i) = 3$ *sind oder Primärideale, für deren zugehörige Primideale gilt* $n(\mathfrak{p}_i) = 2$, $\mathfrak{q}_i \supseteqq \mathfrak{p}_i^2$.

Nun ist noch der Fall $\mathfrak{a} = (0)$ zu behandeln: Wir setzen voraus, daß $\mathfrak{r}$ nur endlich viele Einheiten hat, dann gilt

$$\mathfrak{U}(\mathfrak{u}) = \mathfrak{K}\big((0), \mathfrak{u}\big) \quad \mathfrak{T}(\mathfrak{u}) = \mathfrak{L}\big((0), \mathfrak{u}\big) \quad \mathfrak{H}(\mathfrak{u}) = \mathfrak{H}\big((0), \mathfrak{u}\big) \quad \mathfrak{G}(\mathfrak{u}) = \mathfrak{G}\big((0), \mathfrak{u}\big)$$

letzteres wegen 2,6 und (12,8). Die zu untersuchenden Beziehungen sind also gleichbedeutend mit den Beziehungen

$$\mathfrak{U}(\mathfrak{u}) = \mathfrak{H}(\mathfrak{u}) \quad \mathfrak{T}(\mathfrak{u}) = \mathfrak{G}(\mathfrak{u}) \qquad (17,15)$$

Setzt man nun $\mathfrak{r}$ als NT-Ring voraus und $\mathfrak{r}/\mathfrak{u}$ als endlich, so gilt (17,15) sicher für $\mathfrak{u} = \mathfrak{r}$; ist $\mathfrak{u} \neq \mathfrak{r}$, $\neq (0)$, so folgt aus (17,15) wegen (12,1) sofort

$$\mathfrak{K}(\mathfrak{u}, \mathfrak{u}) = \mathfrak{H}(\mathfrak{u}, \mathfrak{u}) \text{ bzw. } \mathfrak{L}(\mathfrak{u}, \mathfrak{u}) = \mathfrak{G}(\mathfrak{u}, \mathfrak{u})$$

es muß daher $\mathfrak{u}$ die in Satz 17,2 angegebene Gestalt haben. Umgekehrt aber gilt für diese $\mathfrak{u}$ nach eben jenem Satz und Satz 17,1 stets $\mathfrak{H}(\mathfrak{u}, \mathfrak{u}) = \mathfrak{K}(\mathfrak{u}, \mathfrak{u}) = \mathfrak{U}(\mathfrak{u})$ bzw. $\mathfrak{G}(\mathfrak{u}, \mathfrak{u}) = \mathfrak{L}(\mathfrak{u}, \mathfrak{u}) = \mathfrak{T}(\mathfrak{u})$, also gelten die zu untersuchenden Beziehungen.

Der vorhin abgeleitete Satz gilt also auch für $\mathfrak{a} = (0)$, wenn man noch zusätzlich voraussetzt, daß $\mathfrak{r}$ nur endlich viele Einheiten hat.

Literatur

[1] Menger K. Tri-operational algebra. Reports Math. Colloquium (2) **5—6** (1944), 3—10

[2] Menger K. General algebra of analysis. Reports Math. Colloquium (2) **7** (1946), 46—60

[3] Nöbauer W. Über die Operation des Einsetzens in Polynomringen. Math. Annalen **134** (1958), 248—259

[4] Nöbauer W. Zur Theorie der Vollideale II, Monatsh. Math. **64** (1960), 335—348

[5] Northcott D. G. Ideal Theory, Cambridge 1953

[6] Redei L. Algebra I, Leipzig 1959,

[7] Waerden B. L. van der, Algebra II, Berlin-Göttingen-Heidelberg 1955.

Die in den Sitzungsberichten Abt. I und Abt. II der math.-nat. Klasse der Österr. Akad. d. Wiss. erscheinenden Abhandlungen werden auch einzeln abgegeben. Sie können durch jede Buchhandlung oder direkt durch die Auslieferungsstelle der Österreichischen Akademie der Wissenschaften (Wien I, Singerstraße 12) bezogen werden.

Nachfolgende Abhandlungen aus den Fächern **Meteorologie** und **Geophysik** sind erschienen:

1951 (S IIa, Bd. 160):

Hoinkes H.: Über Nordföhnerscheinungen nördlich des Alpenhauptkammes (mit 13 Abbildungen), 23 Seiten. S 7.—

1952 (S IIa, Bd. 161):

Untersteiner N.: Über Schwankungen der barometrischen Mitteltemperatur an einem tropischen Stationspaar (mit 2 Abbildungen), 11 Seiten. S 9.—

1953 (S IIa, Bd. 162):

Schwarzacher W., Untersteiner N.: Zum Problem der Bänderung der Gletschereises (mit 14 Abbildungen). S 23.40

1955 (S II, Bd. 164):

Ambach W.: Über die Strahlungsdurchlässigkeit des Gletschereises (mit 4 Abbildungen). S 7.—

Dirmhirn Inge: Über Strahlungsmessungen auf einer Reise durch Norwegen (mit 2 Abbildungen). S 12.50

MIX
Papier aus verantwortungsvollen Quellen
Paper from responsible sources
FSC® C105338

If you have any concerns about our products,
you can contact us on
ProductSafety@springernature.com

In case Publisher is established outside the EU,
the EU authorized representative is:
Springer Nature Customer Service Center GmbH
Europaplatz 3, 69115 Heidelberg, Germany

Printed by Libri Plureos GmbH
in Hamburg, Germany